U0248866

农业部"十三五"农业农村经济发展规划编制前期研究重大课题
"农业全程信息化建设研究"
农业部专项"农业监测预警与信息化研究"

农业全程信息化建设研究

孔繁涛 张建华 吴建寨 等／编著

Research on the Development of Agriculture
Whole Process Informatization

科学出版社
北京

内 容 简 介

信息化是农业现代化的制高点。在"四化同步"的历史背景下，开展农业全程信息化建设研究，对于加快我国农业现代化建设、全面小康社会建成具有重要意义。本书以农业信息化为主题。首先，从农业生产、经营、管理、服务四个方面，详细阐述了我国农业全程信息化的发展现状、关键技术和技术体系；其次，定量分析了我国农业全程信息化水平，简要介绍了物联牧场、农业展望、信息服务的研究进展；最后，系统研判了农业全程信息化的未来趋势、问题挑战与政策建议。

本书既有理论探索也有实践检验、既有定性分析也有定量分析、既有规范研究也有实证研究。因此，读者群比较广泛，适合行政、科研以及相关人群阅读。

图书在版编目(CIP)数据

农业全程信息化建设研究 / 孔繁涛等编著 . —北京：科学出版社，2015
ISBN 978-7-03-046834-5

Ⅰ. ①农… Ⅱ. ①孔… Ⅲ. ①农业-信息化-研究 Ⅳ. ①S126

中国版本图书馆 CIP 数据核字（2015）第 303018 号

责任编辑：王 倩 / 责任校对：钟 洋
责任印制：张 倩 / 封面设计：无极书装

科 学 出 版 社 出版

北京东黄城根北街 16 号
邮政编码：100717
http://www.sciencep.com

三河市骏杰印刷有限公司印刷
科学出版社发行 各地新华书店经销

*

2016 年 1 月第 一 版 开本：787×1092 1/16
2016 年 1 月第一次印刷 印张：11 插页：2
字数：300 000

定价：88.00 元
（如有印装质量问题，我社负责调换）

编写委员会

主　　笔	孔繁涛
副 主 笔	张建华　　吴建寨
编写成员	韩书庆　　刘佳佳　　朱孟帅　　杨海成
	赵　璞　　秦　波　　李辉尚　　王盛威
	沈　辰　　周向阳　　梁丹辉　　李婷婷
	徐　克　　熊　露　　李斐斐　　张　晶
	王雍涵　　吴　圣　　於少文

序

当今世界，科学技术日新月异，成为经济发展、社会进步的重要驱动。信息技术突飞猛进，摩尔定律效应显著，不断改变着生活方式、生产实践和人类思维，成为传统社会迈向现代社会的不竭动力。自第一台计算机 ENIAC 诞生，半个多世纪以来，人类目光多次聚焦信息技术；信息技术已经成为一个国家或地区科技发展水平的重要标志。抢占信息技术高地，突出发展信息产业，是世界主要发达国家的通行做法和重要经验。

承前启后、继往开来，在实现中华民族伟大复兴的历史征程中，党的十八大明确提出促进工业化、信息化、城镇化、农业现代化同步发展的战略决策，使信息化和农业现代化同时上升为国家战略。信息化和农业现代化的深度融合，促使农业信息化成为现代农业发展的制高点，成为农业现代化发展水平的重要标志。

农业信息化是一个动态的、辩证的和相对的历史过程，是计算机科学转变为农业生产力的创新过程，是信息技术应用于农业产业发展的实践过程。信息技术是推动农业信息化进程的增长点、发动机和风向标；信息技术新概念、新观点、新方法、新理论不断涌现，具有旺盛的生命力，从电子管到超大规模集成电路、从 ARPA 网到万维网、从 PC 机到人工智能，直到当前的物联网、大数据、云计算、"互联网+"，展示着农业信息化未来的无限生机和美好愿景。进入 21 世纪以来，我国农业发展取得了举世瞩目的成就，粮食产量十一连增，农民增收十一连快。但是，农业发展依然面临着诸多问题，如农业生产自然风险、农产品市场风险、质量安全风险、农民持续增收压力、资源环境约束等。破解这些风险和难题，迫切需要信息化提供数据支撑，迫切需要信息化提供技术支撑，迫切需要信息化提供理论支撑。

农业全程信息化既是一个理论范畴，也是一个实践运用。从理论上讲，农业全程信息化是一个"全要素、全过程、全系统"的复杂工程，涉及农业、农村和农民的方方面面，涵盖农业生产、经营、管理和服务的各个环节，需要政府调控和市场机制的合力推动。从实践上讲，农业全程信息化是一个"化"的过程，既是对劳动力的改造，也是对劳动对象、劳动工具的改造；信息流反映物质流、引导物质流，信息流、物质流的有效匹配，是化解"春天种什么对，秋天卖什么贵，买什么生产资料最实惠"之间的最佳路径和理性选择。

立足当前我国"四化同步"战略部署，面向"十三五"重大需求，以农业转方式、调结构为契机，亟须开展农业全程信息化的理论分析、应用研究。本书全面梳理我国农业全程信息化的基本现状、存在问题，科学凝练我国农业全程信息化的关键技术、技术体系，定量研究我国农业全程信息化的模型方法、发展水平，聚焦分析我国农业全程信息化的热点难点，如物联牧场、农业展望、监测预警、机制模式等问题，系统阐述我国农业全程信息化的未来趋势、政策建议，具有重要的理论与实践意义，也体现了作者坚实的理论功底、深厚的学术造诣和严谨的治学态度。读罢书稿，感悟颇多，欣然提笔作序。

展望未来，农业全程信息化永远在路上。挑战与机遇并存、风险和收益同在，伴随着我国经济社会发展和科学技术进步，农业全程信息化需要不断在探索中发展、在发展中提升、在提升中完善。希望作者继续坚持创新研究，快出成果、多出成果，为加快推进我国农业信息化事业作出应有的贡献。

李金祥

2015 年 11 月 26 日

前　　言

农业是国家经济发展、人民生活的重要基础,农业问题备受关注。目前,我国农业正处于从传统农业向现代农业转型的关键时期,农业发展与人口、资源、环境的矛盾越来越突出。随着我国人口的增加,农产品总体需求呈明显的增长态势,农产品供求关系呈现基本平衡、结构短缺的特征,保障粮食等重要农产品有效供给的任务日益繁重。我国的耕地资源、水资源、人力资源约束日益趋紧,农田还有 2/3 以上是中低产田,耕地还有 50% 以上处于水资源紧缺的干旱、半干旱地区。当前,农业发展不仅面临生产过程中的诸多问题,还面临着农产品价格波动、国际环境等不确定性因素的影响。

近年来,以大数据技术、物联网技术、精准装备、云计算、现代通信技术等为代表的信息技术迅猛发展,利用现代信息技术助力农业发展,成为从传统农业向现代农业转型的必然选择。党的十八大适时提出促进工业化、信息化、城镇化、农业现代化同步发展的"四化同步"战略。中央一号文件连续关注农业农村的信息化建设问题,2014 年中央一号文件指出建设以农业物联网和精准装备为重点的农业全程信息化和机械化技术体系,2015 年中央一号文件指出深入推进农村广播电视、通信等村村通工程,加快农村信息基础设施建设和宽带普及,推进信息进村入户。如何利用现代信息技术改造农业、引领农业、发展农业,提高农业的劳动生产率与核心竞争力,加快我国农业现代化建设步伐,已成为亟须解决的问题。

农业全程信息化,是农业信息化的最新诠释与发展方向,它是农业全要素、全过程、全产业的信息化,将大数据技术、物联网技术、精准装备、云计算技术、现代通信技术等农业信息技术融于农业的各个环节，充分利用现代信息技术快速、便捷、智能的优势，全面感知农业各种生产流通要素，实现农业生产的数字化、智能化、精准化与管理科学化。同时，农业全程信息化充分发挥信息技术在社会资源配置中的优化和集成作用，进而突破农业生产、经营、管理、服务全过程长期存在的症结和难题，推动农业产业的转方式、调结构、转型升级，提升农业整体的创新力和生产力，以加快农业全面健康发展。

本书全面系统地阐述了农业全程信息化的相关理论、技术方法和机制模式，共分为 9 章内容。第一章为绪论，主要介绍农业全程信息化的概念与内涵，分析国内外全程信息化发展状况；第二章为我国农业全程信息化现状分析，对农业生产、经营、管理、服务的 4 个信息化进行展开与分析；第三章为农业全程信息化关键技术，详细介绍农业大数据技术、农业物联网技术、农业精准装备技术等；第四章为农业全程信息化技术体系构建，详细介绍我国农业全程信息化技术体系；第五章为农业全程信息化建设水平测度，分析与度量农业全程信息化发展水平；第六章为物联牧场研究，介绍物联牧场的概念、进展、技术体系、建设内容及发展趋势；第七章为农业展望研究，阐述农业展望的概念、发展历史、技术体系与研究进展；第八章为农业信息服务机制与模式；第九章为农业全程信息化存在的问题与政策建议。本书既融入团队的研究成果，形成明显的个性特色，成为反映国内外前沿研究成果的创新性著作，又构成了独立体系，系统地反映农业全程信息化的基本理论、技术方法。

本书的出版是多方支持与帮助的结果，从而进一步丰富了农业全程信息化的理论方法，凝练了农业全程信息化的技术体系。首先，本书内容的系统构建，是基于农业部"十三五"农业农村经济发展规划编制前期研究重大课题第 21 课题"农业全程信息化研究"的主要成果；其次，本书相关章节的部分内容，是研究团队所承担"十二五"国家科技支撑计划"农业生产与市场流通匹配管理及信息服务关键技术研究与示范"（编号：2012BAH20B04）、"十一五"国家科技支撑计划"农产品数量安全智能分析与预警关键技术及平台研究"（编号：2009BADA9B01）、农业部农业信息监测预警研究任务等相关研究成果；最后，本书的形成与定稿，也得益于研究团队在农业信息技术、农业信息分析、农业信息管理方面的长期积累与沉淀。同时，由于本书成稿的过程，也是相关学术成果不断整理、凝练、提高、发表的过程，部分学术论文正在投稿、退修、完善甚至排版印刷之中，可能会出现极其个别内容的交叉与重复，在此特别说明。

由于作者水平有限，加之信息技术日新月异，"农业全程信息化"将会不断产生新需求、新命题、新挑战，因此本书难免出现一些不足与偏颇，诚望读者朋友不吝赐教。

作　者

目　　录

第一章 绪 论

第一节 农业全程信息化的概念与内涵

农业全程信息化是农业信息化进一步深入之后产生的全新概念，它是国家推进农业"互联网+"行动计划的具体内容，是现阶段农业向纵深发展的信息化。

一、农业全程信息化概念

农业全程信息化标志着整体农业的发展水平，代表农业现代化的发展方向，彰显农业现代化的发展动力。它是在现代信息技术与农业现代化深度融合基础上，全力推进的农业全过程信息化。

农业全程信息化就是指农业全系统、全过程、全要素的信息化，其核心是用信息技术转变传统农业的发展方式，覆盖农业生产、流通和消费各个环节，包括生产、经营、管理和服务各个方面，提升农业整体的生产效率，加快农产品的产销对接，提高农业的管理与服务水平，推动农业现代化建设的历史进程，是"人、机、物"① 的有机统一。

----

① "人"是核心，包括自然人和法人；"机"是相对"人"和"物"不同层次、不同形式的联系，而确定具体的内容，既可以是传感器，也可以是承担通信功能的工具，还可以是整个信息空间；"物"指的是与农业相关的物，既包括物理的物，也包括虚拟的物，通过实行精细化、智能化的动态管理，把它们的变化更准确、及时、全面和深刻地反映出来。

二、农业全程信息化内涵

农业全程信息化是一次全新的农业跨越式发展的必然方式，也是农业现代化发展的主要力量。它主要包括农业生产信息化、农业经营信息化、农业管理信息化和农业服务信息化四个方面：

一是农业生产信息化：是指信息技术在包括农田种植、设施农业、畜牧养殖、家禽养殖、渔业生产等农业生产过程中的信息化，主要目标是应用信息技术提高劳动生产率，降低劳动成本，增加农民收入。

二是农业经营信息化：是指信息技术在农业经营过程中的信息化，如电子商务、物流管理，主要目标是应用信息技术实现供需信息匹配，降低交易成本。

三是农业管理信息化：是指信息技术在农业管理过程中的信息化，如电子政务等，主要目标是应用信息技术提高农业管理部门质量和效率。

四是农业服务信息化：是指信息技术在农业服务过程中的信息化，包括农业技术推广、信息进村入户等，主要目标是提高信息化服务"三农"（指农村、农业、农民）的水平[1]。

第二节　国外农业全程信息化发展状况

农业全程信息化是推动农业现代化快速发展的必然选择。剖析发达国家农业全程信息化发展现状，归纳国外农业全程信息化发展规律，对于我国农业全程信息化具有重要的指导作用。世界主要发达国家农业全程信息化发展状况如下。

一、美国

美国是世界上最发达的国家，美国的农业信息化建设一直走在世界的前列。主要有如下特点：

首先，美国建立了非常完善的农业信息基础设施。作为信息技术最先进的国家，美国的计算机、互联网、数据中心等基础设施非常完善，同时，建立了内容完整、覆盖广泛的农业信息服务体系，如美国国家农业信息数据库（AGRICOLA）、国家海洋与大气管理局数据库（NOAA）、地质调查局数据库（USGS）等规模化、影响大的涉农信息数据中心，提供最新的农作物种植面积、土地资源、淡水资源、气象资源、遥感信息、农作物生长状况、病虫害程度、受灾状况、生长环境等信息[2]。

其次，美国建立了长期规范的农业生产、经营、管理、服务等农业全过程的信息发布机制。构建了以政府为主体的庞大的市场信息网络，制定了全面、详细的农业信息调查内容和规范的调查方法[3]，建立了严格的农业信息处理和农业信息发布制度，构建了以国家、地区、州为单位的农业信息网，形成了完整、健全、规范的农业信息服务体系。

最后，美国构建了有效的农业信息资源共建共享机制。1995 年由多个农业图书馆、农业大学、农业研究机构、农业信息中心以及相关农业部门，联合组建了覆盖农业多个领域的信息资源共享联合体，极大整合了农业信息资源，通过建设的信息共享系统，全球用户可免费获得丰富的农业信息数据[4]。

二、欧洲发达国家

欧洲发达国家农业发展一直处于国际领先水平，尤其以法国、德国、荷兰、英国等国家的农业信息化水平较高。

法国作为欧盟最大的农业生产国和农产品出口国，农业信息化问题一直受到政府高度关注。法国农业机构非常重视计算机、互联网与信息技术在农业中的应用，各级农业政府部门都具有较为完备的农业信息数据库；法国农业信息技术的应用水平很高，可以利用通信与遥感卫星进行灾害预报、病虫害预警，利用专家系统进行农业田间管理，利用计算机技术进行农业全程跟踪；同时，该国还具有丰富的农业信息资源，农业服务主体多样，各级农业部门、行业组织均有强大的农业信息管理体系。

德国农业信息化起步较早，信息化建设水平也较高。首先，德国早在 20 世纪 80 年代，就着手构建面向农业的资源数据中心，如土地资源数据中心、气象资源数据中心、植物生长管理数据中心、病虫害管理数据中心、植物保护剂数据库中心、植物保护文献数据库等，为德国农业生产提供了丰富的信息数据；其次，德国农业农村信息设施条件健全，电话、电视、互联网、移动通信等技术发展一直走在世界的前列；再次，基于本国良好的机械制造能力，德国在农业领域研制了广泛的计算机自动控制系统，提高了农机的利用效率；最后，随着物联网技术的广泛应用，德国在农业，尤其是养殖业领域，进行了大量的信息物联网研发应用，利用最新技术实现了现代化生产[5]。

荷兰作为一个北欧国家，面临着人多地少、农业资源贫乏的窘状，但该国农业却取得了举世瞩目的成就。在自动化生产、作物模拟、农业市场服务等方面，达到了世界领先水平。在设施农业控制自动化方面，花卉、蔬菜、水果等植物的计算机智能控制系统应用广泛，能够实现设施农业的喷淋、滴管灌溉、光照调节等自动化智能化控制，大幅减少人工操作，以及机械化挤奶、自动饲喂。在作物模拟方面，三维作物模拟技术的研发和应用都获得了较快发展，模型在农业生产实践中的应用水平很高，能够模拟不同种类的作物生长过程与生长变化，能够模拟不同气象变化对农作物生长的影响程度，并进行实时分析，作物模拟技术的应用对于指导农作物种植与生长具有很大贡献。在农业信息服务体系方面，构建广泛的农民社团与服务组织，并能通过制定的农业政策、法律法规等，积极促进与指导农业生产[6]。

英国因其地理环境的独特性，农业的发展与其他欧洲国家有一定的差异，但农业信息化建设却有极大的相似性。首先，英国农业全程信息化起步较早，20 世纪90 年代，互联网、手机、电视等设施条件已基本在农村地区普及；到 21 世纪初，英国全部大小农场拥有计算机与上网设备，保证 99% 的农场能上网，而且农民都受过很好的培训；至 2011 年，英国互联网已接入全国 99% 的农村地区；目前，农村地区的互联网、3G 无线网络等已经基本覆盖，成为八国集团中信息网络最密集的国家。其次，精准装备、智能系统在该国发展也非常迅速，卫星导航、地理信息系统、遥感等 "3S" 技术已全面在农作物种植与畜牧养殖中得到应用，在农作物的耕、种、收，以及施肥除草等方面基本采用精准装备实施，农业物联网技术、无线传感器网络技术、无线远程控制技术等不断在农业各个环节和过程中得到使用。最后，该国建立了海量的农业基础数据库，存储的农业信息资源相当广泛，对农业生产、经营与管理起着非常重大的指导作用，还针对农民、涉农企业、农业社团免费发布各类农业信息，并对其提供农业生产中必需的咨询和援助，指导农业生产[4]。

三、亚洲发达国家

日本作为亚洲最发达的国家之一，农业的信息化和产业化程度都比较高。首先，日本十分重视农业信息化体系建设，成立了若干专门咨询委员会，制定市场规则和发展政策，并重视农村通信、广播、电视等基础设施的发展。其次，日本构建了从服务人员到服务系统一体的服务体系，包括 1800 个农业生产信息与市场信息预测系统，以及农产品市场供给、运输、销售等信息的综合服务系统，及时、准确、全面地发布农产品信息，指导农业生产。再次，日本拥有非常完备的农业科学技术支撑研发体系，农业高校与科研单位都对农业种业、种植、经营进行研究，提供必要的农作物品种、习性、营养价值、经济价值等信息[7]。最后，日本十分重视信息技术，尤其是计算机网络技术的应用，早在 1994 年就开始开发农业服务网络系统，20 世纪 90 年代初实现农业信息服务全国联网，最近几年，各种专家系统、气象系统、生产管理系统等加快应用，促进了农业技术的发展和普及。

韩国农业信息化起步比较晚，但发展较快，农业信息化的发展可以分为 3 个阶段：第一阶段为开始起步阶段（1986～1993 年），主要特点是农业信息化基础设施建设；第二阶段为初步发展阶段（1994～1999 年），主要特点是强化政府在信息化方面的作用，加强科技的支撑；第三阶段为深入发展阶段（2000 年至今），主要特点是更加注重科技在农业领域的应用，引领农业发展[8]。韩国农业信息化建设具有如下特点：一是强化政府在农业信息化建设的主导作用，尤其是在基础设施投入上的主导作用，如网络建设，信息服务等；二是重视信息技术在农业领域的应用，如基础信息网络管理系统、自动控制技术等；三是大力推进信息化村的建设，努力缩小城乡差距；四是推进农业信息服务体系建设，利用多种手段，实现服务的信息化。

第三节 我国农业全程信息化建设状况

我国高度重视农业全程信息化建设工作，历经多年探索实践，并且取得了重大进展。从发展历程来看，我国农业全程信息化可以分为三个阶段。第一阶段为探索起步阶段（1949 年至 20 世纪 80 年代末），信息技术开始应用于农业生产，1979 年我国引进了农业领域第一台大型计算机——Felic-512，1981 年我国成立了第一个计算机农业应用领域研究机构——中国农业科学院计算中心，1987 年农业部成立信息中心，农业计算机技术在农业领域的应用受到了国家的高度重视。第二个阶段为推动发展阶段（20 世纪 90 年代），政府开始推进农业信息化工作，出台相关政策规范，开展试点示范，加强统筹规划，安排部署了一系列建设项目。第三个阶段为全面发展阶段（21 世纪初至今），信息技术发展越来越迅速，应用越来越广泛，对传统农业的改造也越来越深入，2004 年国家信息产业部组织中国电信、中国网通、中国移动、中国联通等 6 家运营商，开展"村村通电话工程"，2005 年农业部启动"三电合一"信息服务项目，2006 年农业部统一农业信息服务热线"12316"，2007 年农业部启动建设"金农工程"一期项目，2014 年农业部推动信息进村入户工程，农业信息化已经成为国家战略[9]。

近年来，我国农业全程信息化快速发展，取得了重要进展，表现在农业生产信息化、农业经营信息化、农业管理信息化、农业服务信息化等 4 个方面。

农业生产信息化，主要包括大田种植、设施园艺、畜牧养殖和渔业养殖。在这 4 个领域中，以设施园艺和渔业养殖信息化程度较高，畜牧养殖正向规模化、集约化发展。在生产领域，物联网传感器技术已初步应用，测土配方施肥、墒情监测、农田气象监测、病虫害远程诊断与预警、作物生长模型、精准作业等技术已广泛应用于大田种植的各个环节；光、温、水、肥、CO_2 等信息的自动采集与智能控制在设施园艺中已基本成熟；环境监控、自动饲喂、疫病诊断、质量追溯等技术在畜牧养殖信息化建设中发挥了重要作用；水质监测、溶解氧控制大幅提高渔业生产效率，增加了农民收入。

农业经营信息化，以电子商务为代表的新兴经营方式，正对传统农业经营方式产生重大变革。传统的农业经营，多以市场交易为主，买卖双方在农贸市场进行交易，对于部分时令性比较强的农产品，传统方式存在一定的弊端。20 世纪初，随着电子商务的出现，经营方式出现了巨大的变革，以阿里巴巴、京东、1 号店、中粮我买网为代表的第三方经营平台，为农产品销售提供了一个新的渠道，农村的农产品可以通过互联网卖到全国各地，变革了农产品的销售方式。

农业管理信息化，是指以电子政务为代表的农业管理系统在农业管理领域的应用。电子政务，包括政府与政府（G2G）、政府与公务员（G2E）、政府与企业（G2B）和政府与公众（G2C）4 种模式，涵盖农业电子政务管理、农产品市场管理、农产品质量安全管理、农业应急指挥等多个方面的内容。2002 年开始实施的"金农工程"，着重建设 3 大系统，分别是农业科技信息综合服务系统、农业监测预警系统、农产品市场价格监测系统，并通过平台上移、服务下延的方式，进一步整合国内农业信息资源，建设成国家农业信息综合服务平台与系统，承担政务公开、在线办事、信息服务、互动交流等任务；建成农业信息采集系统，解决数据采集和交换的需求；建成农产品和生产资料市场监管系统，包含综合审批、农资打假等任务；建成农产品监测预警系统，提高农产品市场风险监测能力；建成农业科技信息联合服务系统，完善农业科技综合服务数据库；构建农产品市场实时交易信息服务平台，达到"定向发布、联网共享""网上撮合、网下交易"；建成农产品批发市场价格信息服务系统，采集发布农产品批发市场价格信息；建成动物疫情防控信息管理系统，普及防疫知识，增加疫情透明度。

农业服务信息化，提高了农业服务的效率，对农业服务的方式产生了巨大变革。我国农业信息服务体系完善，原中国农业科学院计算机中心、农业部信息中心等机构充分发挥专业管理职能；"金农工程"一期项目，加速了我国农业信息服务的步伐；全国涉农网站建设已初具规模，1996年农业部建立的"中国农业信息网"已成为具有权威性的农业综合网站，各涉农科研院所、高校、社会团体都建设有专属的农业网站；农业数据库建设成效显著，除引进的联合国粮农组织农业系统数据库（AGRIS）、国际食物信息数据库（IFIS）、美国农业部农业联机存取数据库（AGRI-COLA）、食品科学数据库（FSTA）等外，还自主开发了《中国农林文献数据库》《中国农业文摘数据库》《中国农业科技文献与信息平台》《植物检疫病虫草害名录数据库》等，部分省市也建有自己的数据库资源，为农业生产与经营提供必要的信息服务。

第四节　国内外农业全程信息化的比较

我国的农业全程信息化起步较晚，但发展速度较快，与国外发达国家相比，仍存在一定的差距。这些差距主要体现在农业的信息设施条件、资金投入与技术研发、信息获取与服务、信息应用主体文化素质、全程信息化政策法规等方面。

一、在农业信息设施条件方面

发达国家农业信息设施条件相对完善。美国政府从20世纪90年代中期开始，大量建设农业信息网络基础设施，实现农村居民光纤入户，使得美国农村上网人数比农业信息网络基础设施实施前增长了一倍；2006年年底，法国农村家庭拥有计算机的比例已经达到55.1%，特别是在畜牧养殖农场和种植农场中，50%以上使用计算机对农场经营进行自动管理；截至1994年，日本已成功建设农业网站400余个，计算机在农作物种植与生产企业中的应用率达到93%。与发达国家相比，我国农业信息化基础设施相对落后，但经过多年的持续投入与建设，目前已取得显著成效。

2007 年，经过"村村通工程""金农工程"一期等项目的建设，我国农业农村信息化水平有了较大幅度的提升，农村电视、电话、计算机等设备的保有量全面提高，农村地区的网民持续增多，各种涉农机构和农业网站数据规模扩大，农业信息化基础设施有了明显的改善。

二、在农业信息资金投入与技术研发方面

美国等发达国家政府大力支持农业信息技术的研发与应用，不仅在研发项目上进行资金支持，而且在法律法规、优惠政策、农业补贴方面给予扶持。通过支持农业信息化建设，使得农业和农民受益。美国每年拨款 15 亿美元，对农村信息及网络基础设施进行提升，使得美国信息网络覆盖绝大部分农村地区。美国政府每年提供 10 亿美元以上的农业信息技术研发经费，大大加强了农业物联网、农业精准装备、农业资源系统、智慧农业系统等新技术、新成果在农业中的及时推广应用，从而实现农业生产经营的信息管理、科学管理、智慧管理，提高农作物的质量与产量，大幅度减少劳动作业，降低劳动成本，改善生态环境，保障农业的循环与可持续发展。

三、在农业信息获取与服务方面

一般来说，发达国家的农业信息调查内容较为全面与详细。美国农业采集信息包括农产品价格、农业支出、农村劳动力、农业生产效率、土地使用情况、农业生产成本等，同时美国农业部建立了国家农业统计局、经济研究局、世界农业展望委员会、农业市场服务局和对外农业局 5 大机构，提供信息分析服务。法国通过严格选拔信息采集人员来保证信息的真实性，农业部、大区农业部门和省农业部门定期或不定期向社会发布市场动态。日本通过严格的法律法规，保证采集信息的真实有效，并建立农业技术信息服务全国联机网络，提供技术和咨询服务。但是，我国农业信息化相关法律法规和技术标准尚不健全，在信息采集与服务方面缺乏权威的监督，和发达国家相比差距比较大。

四、在信息应用主体文化素质方面

农业全程信息化的应用主体主要是农民，农民素质是衡量农业生产水平的重要因素。西方发达国家的农业生产，多以大农场为主，农业机械化和信息化水平较高，而从事农业生产的农场主，学历和素质普遍比较高，并且从业前都受到过严格

的专业培训，能够满足农业生产的需要。和发达国家相比，我国农民素质存在很多问题：一是农村人口众多，2013 年我国农村人口达到了 6.3 亿人，约占总人口的46.3%；二是农民的文化程度普遍偏低，农民基本上没有上过大学，甚至高中学历的都较少，对于新技术的接受和应用能力较差；三是农民老龄化严重，在青壮年大量外出打工的背景下，从事农业的人口老龄化严重，如何保证农业生产将成为重要的战略问题。

五、在农业全程信息化政策法规方面

发达国家的实践表明，农业全程信息化的健康发展，离不开政策法规的保驾护航。美国、加拿大、欧盟等国家和地区出台了一系列加快农业全程信息化发展方面的配套措施，极力促进了先进信息技术在农业各个环节与领域的应用。美国通过税收减免、增加投入、产学研合作等，共同促进农业信息化技术的研发应用。例如，美国每年投入农业信息系统的经费，约占农业行政事业经费的 10%，同时在推动数据库建设、农业信息服务等方面，也都制定了完善的政策，美国的《信息自由法》、加拿大的《信息准入法》、欧盟委员会的《电子欧洲：为所有人建造的信息社会》等，推动了农业信息化的快速发展。我国也高度重视农业信息化法律法规和政策制度建设，2006 年中共中央办公厅和国务院办公厅制定《2006—2020 年国家信息化发展战略》，2010 年工信部、农业部、科技部、商务部和文化部 5 部委印发《农业农村信息化行动计划（2010—2012 年）》。

本章参考文献

[1] 陈晓华.农业信息化概论.北京：中国农业出版社，2011.

[2] 田子方.发达国家信息技术在农业中的应用及其启示.世界农业，2013，(6)：45-48.

[3] 刘洪哲.发达国家农业信息化现状及对辽宁省的启示.现代经济信息，2012，11：354，355.

[4] 肖黎，刘纯阳.发达国家农业信息化建设的成功经验及对中国的启示——以美日法韩四国为例.世界农业，2010，11：16-20.

[5] 王文生.德国农业信息技术研究进展与发展趋势.农业展望，2011，7(9)：48-51.

[6] 李远东.荷兰现代农业发展的经验与启示.安徽农学通报（上半月刊），2009，5：34-36.

[7] 郭永田.英国农业、农村的信息化建设.世界农业，2013，(2)：105-109.

[8] 杨艺.浅谈日本农业信息化的发展及启示.现代日本经济，2005，(6)：60-62.

[9] 陈威，杨立新.韩国农业信息化的发展及启示.安徽农业科学，2013，24：10021-10023.

第二章　我国农业全程信息化现状分析

系统把握我国农业全程信息化中的农业生产信息化、农业经营信息化、农业管理信息化和农业服务信息化的进展情况，查找问题与不足，并进行定量化测度，对于全方位、全角度推进我国农业信息化历史进程具有重要意义。

第一节　农业生产信息化现状分析

农业生产信息化是信息技术在农业生产中的应用，主要目的是减少农业生产资料投入，提高农业生产效率和减少环境污染。农业生产信息化包括大田种植信息化、设施农业信息化、水产养殖信息化和畜禽管理信息化四个方面。

一、大田种植信息技术逐渐得到推广与示范

大田种植是农业中最为普遍也最为重要的生产方式，粮食、蔬菜、水果等农产品绝大部分来自大田生产。大田种植受自然环境影响较大，生产环境复杂多变，生产风险高且控制难度大，资源浪费现象突出。因此，运用信息技术快速准确掌握大田种植环境信息，实时监测农情变化，实施精准生产，对于降低农业生产风险，提高农业生产效率具有重大实践意义。为此，我国一直致力于信息技术在农业自然资源监测、农情监测和精准农业等领域的推广应用。

1. 自然资源信息监测得到加强

自然资源信息监测是利用信息技术与信息手段，对大田种植的自然环境与相关

资源，进行定期测量与实时采集，实现自然资源信息的动态监测。自然资源信息监测包括农业生产的土地资源信息（土地的面积、形状、经纬度；土壤的类型、养分、成分；地块的耕种历史等）、水资源信息（水域面积、形状、质量；水体类型、环境等）、气象资源信息（温度、湿度、光照、风速、风向、降雨量、太阳辐射、大气压）的实时采集与监测。

在土地资源监测领域，加强信息技术在耕地资源调查、测土配方施肥、土壤墒情监测等方面的应用。一是在耕地资源调查方面，我国正从传统的人工测量、逐级上报，转向采用遥感（RS）和地理信息系统（GIS）等技术，进行大面积的动态监测，实时掌握我国耕地资源变动情况。二是在测土配方施肥方面，全国各地广泛开展测土配方施肥工作，收集汇总不同区域、不同层次的测土配方施肥数据，建成测土配方数据汇总平台，建立国家和省市测土配方施肥网站[1]。三是在土壤墒情监测方面，2010 年我国建成全国土壤墒情监测系统，利用卫星遥感等手段，实时监测全国各地区土壤墒情，指导农业灌溉和耕作。

在水资源监测领域，加强信息技术在水资源分布调查、水资源储量调查以及水环境质量监测等方面的应用。一是在水资源分布调查方面，开发水资源数据采集系统，实现对水资源分布数据的快速准确获取；建立水资源分布调查数据库，实现对调查数据的分类处理；开发水资源调查模型分析系统，实现对调查数据的快速分析。二是在水资源储量调查方面，采用卫星监测、地面水文监测等手段，监测河流、湖泊、水库面积、水位等信息，利用计算机模拟等技术，分析水资源储量状况。三是在水环境质量监测方面，利用遥感、地理信息系统等技术，对大面积发生的水质污染进行实时监测；采用传感器、无线网络等技术，建立水质监测系统，实时监测区域水质变化。

在气象监测领域，加强信息技术在自然灾害监测预警、气象预报、农田小环境监测等方面的应用。一是在自然灾害监测预警方面，利用卫星遥感、地理信息系统、物联网等技术，开展对旱涝、病虫害等灾害的监测，提高监测的精准性和及时性，扩大监测范围。二是在气象预报方面，采用空中卫星监测和地面小型气象站监测，提高小区域范围内预报的准确性和及时性；采用电视、互联网、手机应用软件等多种途径，提高信息接收的可得性和便捷性。三是在农田小环境监测方面，运用传感器技术、物联网技术，建立小型农田气候观测站，实时监测农田气温、光照、辐射、风速风向、降水等气候信息，为农事管理提供指导。

2. 作物农情信息监测手段向多样化发展

作物农情信息化是对作物的种植面积、受灾面积、作物长势、病虫害等信息进行监测。目前,农情信息的采集、存储、处理和发布手段越来越丰富,信息化程度越来越高。

在种植及受灾面积监测方面,一是采集方式从传统的实地测量、层层上报的调查方式,转向以"3S"技术为主导的调查方式。目前,我国已建立常态运行的遥感监测机制,定期监测农作物种植面积和作物长势。二是监测数据存储从原来的报表记录转向数据库存储。早在 1995 年,我国就建立了全国资源环境数据库,用以存放各种资源环境数据;2011 年,国家农业数据中心初步建立,综合了各类农业数据资源。三是数据分析手段向智能化转变,计算机自动分类、计算机模型模拟等工具逐步应用于作物种植面积及受灾面积的分类统计。

在作物长势监测方面,一是利用卫星遥感、低空遥感等技术,定期对主要农作物的苗情、病虫害、长势进行监测。二是利用作物模拟等技术,建立作物估产模型,根据作物长势进行估产。目前,"国家粮食主产区粮食种植面积遥感测量与估产业务系统"已建立运行[2],实现了粮食种植面积遥感监测常态化运行,并朝着全球化和业务化方向发展,监测范围不断扩大,监测精准度持续提高。

在病虫害防控方面,一是病虫害监测从传统的专家经验判断和田间识别取样,转向光谱遥感识别监测,利用空中遥感和地面观察站,实时监测病虫害种类、发病面积和迁徙路线等信息。二是病虫害分析手段从传统的田间识别、专家现场判断,转向利用专家系统进行远程识别和诊断。三是病虫害预报和防治技术推广,从传统的农技人员下乡推广,转向依靠互联网、电视、广播、手机应用程序等方式进行。

3. 农事管理精准装备逐步推广应用

精准农业装备是指装载有 GPS 装置、传感装置、电子处方图、变量控制装置等的农业机械设备,能够根据田间不同区域的具体条件,进行精准灌溉、精准施肥、精准除草、精准施药和精准收获。

目前,我国精准农业装备总体尚处研发试验阶段,部分地区开始引进国外先进装备进行试验和推广使用。黑龙江、新疆、北京、上海、河北等地相继建立了一定规模的精准农业装备试验区,如北京小汤山国家精准农业示范基地、北大荒精准农业农机中心。新疆生产建设兵团自主研发了基于 GIS 的计算机决策平衡施肥系统[3]。黑龙江垦区部分农场，从国外引进激光平地机、自动导航拖拉机、产量智能监控联合收割机等精准农业装备[4]。

总体来看，我国大田种植信息化程度较低，与美国等现代农业国家相比有很大的差距。我国大田种植领域中应用较为成熟的信息技术，主要是遥感技术、远程诊断技术、测土配方施肥等技术。一些高端集成技术，如物联网技术、精准农业技术、作物模拟技术等在农业生产中的应用相对较少，大多尚处研发试验阶段。此外，我国农业信息技术主要服务于农业宏观管理，针对具体农业生产研发和应用的信息技术较少。而以美国为代表的现代农业国家，早已实现农业生产的高度信息化，精准农业技术、物联网技术、农场自动化管理技术等在美国得到普遍推广应用，部分农场已实现无人管理。

二、设施农业信息化向自动化智能化管理发展

设施农业由于其规模小、环境可控、价值密度大等特点，利于信息技术的推广使用，信息化程度相对较高。设施农业信息化主要包括：设施农业环境信息监测（土壤温湿度、光照、空气温湿度、二氧化碳浓度）；设施农作物生理信息监测（作物水分、作物果实大小、作物营养状况、病虫害状况）；设施农业远程控制（通风、卷帘、灌溉、施肥、喷药、作物移栽）。

1. 设施农业环境信息监测

设施农业环境信息监测是指利用传感器、无线网络传输等技术，实时监测温室内土壤温湿度、光照、空气温湿度、二氧化碳浓度等环境信息。

在环境信息监测设备研发方面，我国已出现一些成型的产品，如北京昆仑海岸传感技术有限公司研发的无线传感器、国家农业信息化工程技术研究中心研发的温室娃娃、北京期硕基业科技有限公司开发的农用通一体化采集仪等[5]。但这些设备的关键部件主要依靠进口，核心技术仍待突破，其性能和成本与国外相比仍有较大差距。

在环境信息监测技术应用方面，以物联网技术为代表的环境信息监测技术，在设施农业中的应用越来越广泛。北京、上海、山东等地的设施农业，部分采用了温室环境监测系统。这些系统利用各种类型的传感器，实时感知温室内光照、温湿

度、二氧化碳浓度等信息，通过无线网络传输至后台服务器，通过前台装置实时显示监测数据。但由于价格昂贵及技术复杂等原因，该项技术在应用推广上进展缓慢。

2. 设施农作物生理信息监测

农作物生理信息监测是运用生物传感器、机器视觉识别技术和遥感等技术，监测作物水分、果实大小、营养状况以及病虫害状况。

在农作物生理信息监测设备研发方面，用于作物水分和营养状况监测的传感器较少，用于病虫害及果实外观大小监测的传感器较多。这归结于作物水分、养分生物传感器的结构复杂，技术难度大，研发比较困难。但随着材料技术和生物技术的发展，纳米材料生物传感器、石墨烯生物传感器等新型生物传感器的研发受到越来越多的关注，具有良好的开发前景。

在农作物生理信息监测技术应用方面，针对病虫害监测和作物果实大小监测的产品相对较多。这些产品利用摄像机、红外探测仪、光谱遥感等工具，能够及时发现作物病虫害类型和发病范围，能够感知作物果实大小和成熟度，为及时采摘做准备。但针对作物水分监测和营养监测的设备由于价格昂贵及技术复杂等原因，投入应用的产品较少。

3. 设施农业远程控制

设施农业远程控制是指利用网络通信技术和控制技术，远距离、非接触地控制设施内通风、卷帘、灌溉、施肥和喷药等设备。

在远程控制设备研发方面，国内尚处起步阶段。目前仅有少数科研机构和科技公司开发了成型的控制设备，且主要集中在温度、湿度和灌溉控制上，如北京派得伟业科技发展有限公司研制的灌溉类控制器、达州安克邦科技有限公司研发的温室温湿度控制器、武汉新普惠气象仪器有限公司研制的温室控制器等。

在远程控制技术应用方面，北京、山东、上海等地的设施农业进行了试点应用。北京"通州国际种业科技园区"，通过集成摄像头、GPS、射频识别和无线通信技术，实现田间信息的快速采集、传输与分析；通过无线通信网络，实时上传感知数据至后台系统；通过视频和电子地图，利用屏幕终端实时观察种子生产管理状况，实现种子生产远程监测和控制[6]。

总体来看，我国设施农业信息化尚处起步阶段，自动化、智能化技术仅在部分地区试点应用。在国外，以荷兰、日本为代表的设施农业发达的国家，其设施农业基本实现了自动化无人管理，温室环境智能控制、精准生产、机器自动采摘等技术的应用已较为成熟。荷兰花卉生产已普遍应用机械化和自动化设备，通过计算机专用软件，自动控制花卉生产中所需的温度、湿度和光照，控制智能机械设备进行施肥和打药[7]，利用采摘机器人，对花卉自动进行收割、分类和简单包装。

三、水产养殖信息设备推广试用范围扩大

在水产养殖领域，信息技术主要应用于水质环境监测、水环境智能控制及水产品疾病监测等方面。

1. 水质环境监测

近年来，随着水产养殖趋于规模化和集约化，养殖的种类和密度不断增加，养殖水质不断恶化，导致水产品病害发生率不断提高，由此引发的减产和质量安全问题愈发突出。因此，水产养殖亟须进行水质环境监测，及时发现水质变化状况，从而采取有效措施改善水质，降低减产风险，提高水产质量。

水质环境监测是利用传感器技术、计算机技术、网络技术、智能信息处理技术以及无线通信等技术，在水中设置传感器，采集溶解氧的含量、水温、水位、浑浊度、pH 等数据，以及无线网络传输数据，通过后台数据库存储数据，实时监测水质环境的变化，发现异常情况及时报警，利用控制设备实现加水、控温、增氧等，从而达到稳定水环境的目的。目前，该项技术处于研发试验阶段，取得了很多阶段性成果，并在部分养殖场得到试验应用。

2. 水环境智能控制

水产养殖环境智能控制包括增氧调控、控温、智能化投料和水量调控等内容，适用于池塘、网箱和工厂化养殖，能够达到精准控制生产过程的目的。在检测到水产养殖环境发生改变后，智能控制系统会按照预先设定好的模型参数进行自动化操作，省去了人工，并且保证了操作的准确性，从而降低了生产成本，保证了水产品质量安全。

智能控制主要运用在水产品喂食方面，根据养殖品种、生产阶段，结合养殖池

水温、溶氧量、氨氮与饵料营养成分吸收能力、饵料摄取量等信息，结合水产品所处养殖阶段的营养需求，参照水温、水深、含氧量、浑浊度、pH等，建立精准喂养决策模型，实现按需投喂，借助水产品生长数据库，对水产品喂食饲料、喂食量、喂食次数进行控制，达到智能决策的目的，以降低饵料损耗，节约成本。

目前，智能控制处在试验研究阶段，在部分水产品养殖场进行了试点运用，处在推广阶段。

3. 水产品疾病监测

在水产品养殖过程中，不合理的喂食和用药，恶化了水产品的生存环境，加剧了疾病的发生，造成水产品养殖业经常蒙受巨大损失。

水质环境的变化、饲料质量、鱼体损伤、疾病的症状表现等都可以预测和判断水产品疾病的发生。目前，各个研究单位和高校都在着力研究鱼、虾、蟹等淡水产品养殖疾病特征、发病原因、危害程度、危害范围等水产品疾病专家系统，通过专家系统的疾病预测预警模型，实现水产品的疾病早发现、早预警，指导淡水养殖户针对疾病信息采取防疫医治等措施降低损失。通过数据库中的数值诊断和案例诊断，联系实际数据和水产品症状，达到水产品疾病监测的目的。目前，水产品疾病监测预警还未广泛应用，仍处于试验阶段，在部分实验区取得了可喜的成果，试点范围在扩大。

欧美等发达国家非常重视水产品养殖智能化技术和装备的研发，对水产品养殖环境控制、精细化投料、水质监测、疾病预防、营养状况等相关领域进行了长期研究，开发了水产品养殖环境的自动监测与智能控制系统，形成了自动投食器、自动增氧机、环境监测器等一系列成熟的产品，并成功在各个大小水产品养殖场进行应用，基本实现了水产品养殖的智能化、集成化。

四、畜禽管理向智能化精细化养殖转变

在畜禽管理方面，信息技术主要包括畜舍环境监测、智能控制、疫情疫病监测预警。信息技术使畜禽管理摆脱对人的高度依赖，最终实现畜禽养殖高效、安全、集约、生态。

1. 畜舍环境监测

畜舍环境质量的高低直接影响畜禽的健康和畜产品的质量安全。畜舍内通风不

顺畅时，二氧化碳、硫化氢、氨气、甲烷等气体超标，空气中的温度、湿度等环境指标超标，对畜禽的生长很不利。利用无线传感器网络对畜舍进行环境监测，由传感器和无线网络构成监测系统，通过二氧化碳传感器、硫化氢传感器、氨气传感器、甲烷传感器、温度传感器、湿度传感器、一氧化碳传感器、氧气传感器、氮气传感器、PM2.5 传感器等采集环境数据，将数据发送到后台管理平台，并可通过手机等移动设备查看监测数据。

传感器收集的数据结合季节、畜禽品种及生理等特点，设定环境参数的阈值范围。畜舍环境监测过程中，监测到的各种指标和实时数据超过了设定的上限和下限，系统会自动识别和判断，并通过手机短信、互联网对养殖管理者发送不同警情的信息。

目前，一些大型畜牧业养殖公司已经对畜舍的环境进行监测。由于环境监测传感器的使用寿命和价格因素，环境监测设备并没有广泛使用。国内科研机构正在研发畜舍环境监测集成装备，部分产品已进入试点试验阶段。

2. 畜牧养殖智能控制

畜牧养殖智能控制包括智能分析系统和自动控制系统，通过对监测系统获取的数据进行分析和判断，得出畜牧养殖中需要调节的指标，实现畜牧养殖的信息化管理。

畜舍环境智能控制技术是根据畜舍环境监测数据，智能控制畜舍温度、湿度、光照、通风，使得畜舍环境适合畜禽的健康生长。自动饲喂技术是利用电子识别技术、计量传感技术和配料控制技术，根据动物的生长发育状况，控制投喂的数量和饲料类型，以达到节约饲料，节省人力的功效。例如，奶牛自动挤奶器已实现了自动化与半自动化程度，可自动对奶牛进行挤奶，并记录该奶牛的挤奶量和耳标编码，实时掌握奶牛的日均产奶量，及时淘汰产奶量低的奶牛。目前，蛋鸡喂食设备从食料配比、食料加工、食料传送、饮水投放、食料投放等方面形成了一整套完备的机械化设备，可预设每天投料次数和投料时间，大大减少了人工喂食喂料的劳动强度。

目前，由于自动控制存在指标体系不完整和不稳定性的问题，并未被广泛使用。随着研究的深入和技术的进步，将会实现智能控制的大面积使用。

3. 疫情疫病监测预警

畜牧养殖业的快速发展，畜禽各类疾病的传播和爆发，给畜牧养殖业带来了严重的打击。为了有效防止疫病的发生，需要对畜牧业疫情疫病进行监测预警。

根据畜禽疫病的产生、流行规律、分布特征等，确定疫病监测指标体系，建立预警模型。通过对检测到的环境数据和畜禽病情的状态进行识别，对比数据库中的数值诊断和案例诊断，实现对疫病的预警。当前，随着农业物联网与人工智能技术的快速发展，畜禽疫病的及时发现与诊断系统开始出现，通过红外摄像机、温湿度传感器、声音监听装置、气体传感器等设备，快速诊断与发现畜牧疫情，并通过互联网方式发到系统后台，后台对疫病疫情状况进行分析，对该地区疫病疫情的情况作出判断，及时发布畜牧疫情疫病预警信息。

我国畜禽管理总体信息化水平偏低。在大规模牧场中，畜禽饲喂、疫病检疫等方面，能利用一些信息设备辅助管理，但在生产管理一体化方面，与国外差距还比较大；在中小规模牧场中，畜禽生产大多还停留在人工阶段，没有实现信息技术的普及应用。发达国家畜牧养殖基本实现智能化管理，养殖的畜牧个体数量大、自动化程度高、质量好，已基本从人工管理过渡到计算机自动管理。

第二节　农业经营信息化现状分析

农业经营信息化是指在农业经营过程中广泛应用现代信息技术，主要包括农产品市场交易价格信息监测、农产品电子商务、农产品溯源。我国农业经营信息化发展相对落后，但发展速度较快，尤其是农产品电子商务的兴起，带动农产品交易、推广和物流信息化实现了大跨越。

一、农产品市场交易价格信息监测

农产品市场交易价格信息监测包括农产品市场供求信息（农产品市场供给量、交易量、需求量、需求缺口）、成本物资市场信息（化肥、农药、农膜、人工、原油等市场价格数据）、流通信息（批发市场数量及分布、农贸市场数量及分布、超市数量及分布、农产品在不同零售业态的销售数量）、价格行情信息（地头收购价格、市场批发价格、农贸市场零售价格、超市零售价格）。通过对各种市场价格信息的监测，便于政府及时调控，也便于农业生产者调整生产方向。

目前，国内在市场价格信息监测方面的研究已经取得了阶段性的成果，研发了一批市场信息采集设备。例如，中国农业科学院农业信息研究所研发的便携式农产品全息信息采集器，集成现代信息技术，实现农业信息的准确、及时和便捷采集。它通过 3G 网络与 CAMES 系统（中国农产品监测预警系统）相连接，实现了数据实时存储和融合。CAMES 融合生物学模型和经济模型，通过大量方程式，可以对粮食、油料、糖料、蔬菜、水果、肉类、蛋类、奶类、水产品、棉麻类等 11 大类农产品进行并行处理，实现实时分析和智能判断，快速作出预警，为市场提供及时的调整信息。2012 年，农产品全息信息采集器在全国主要粮食生产区以及农产品销售区开展了试点，采集农产品市场价格信息。

二、农产品电子商务

在农业市场交易信息化方面，农业电子商务方兴未艾，大型电商平台在农业领域积极布局，迅速建成一大批特色鲜明的专业化涉农电子商务平台。同时，随着农产品溯源技术以及农产品营销过程中涉及的撮合技术和匹配技术在农业经营领域的快速普及，农业经营信息化发展水平正逐渐提高。

2013 年的中央一号文件《中共中央　国务院关于加快发展现代农业进一步增强农村发展活力的若干意见》提出大力发展农村电子商务，加强配置农产品物流配送站，加快农产品流通速度，缩短农产品从生产区域到销售区域的流通时间，节约流通成本[8]。据不完全统计，当前全国涉农电子商务平台已超过 3 万家，其中农产品电商平台已经超过 3000 家[9]。典型的农产品电子商务平台有上海"菜管家"农产品订购平台、淘宝网和"世纪之村"信息化服务平台等。2013 年，涉及农产品经营的网上商家数量大幅度增长，特别是在淘宝网、天猫、京东、1 号店、中粮我买网、三只松鼠以及其他区域型农产品网上的交易平台和农产品销售商家数量迅速扩大，仅淘宝网就有 37.79 万家[10]。

三、农产品溯源

在农产品溯源方面，我国相关研究与实践起步较晚。目前，国内较有影响力的农产品溯源系统平台有上海市食用农副产品质量安全信息查询系统、世纪三农食品安全溯源管理系统、中国肉牛全程质量安全追溯管理系统等。2011 年，随着我国消费者对质量安全的重视程度日益增加，我国农产品溯源技术及溯源系统都得到了较快的发展，较多的农产品已开始应用溯源技术。例如，牛肉、鸡肉、鸡蛋以及经济价值高的蔬菜都可溯源；东阿阿胶驴皮开始实施产地溯源、生产过程溯源、加工贸易溯源[11]。在撮合与匹配方面，通过深入研究、挖掘农产品相关信息，结合农产品撮合与匹配技术，应用于农产品电商平台，对农产品的流通起到了极大的促进作用。

四、农产品物流信息化

农业物流信息化主要由仓储管理、订单管理和运输管理组成。仓储管理涉及农产品或生产资料入库信息、出库信息、库位资源、仓储费用、进出仓报表等。农产品仓储管理采用的主要技术是条码技术和 RFID 技术（无线射频识别技术）。RFID 技术是一种无线射频识别技术，通过 RFID 不同的发射频率来识别线圈的编码信息，可在一定的距离发射和接收射频信号，与传统的条形码相比编码识别准确率高、速度快、抗干扰性强，在不同的环境条件下都可使用。尤其对于农产品的仓储、运输、销售等过程的自动化管理起到了决定性作用。此外，仓储可视化监控技术实现了对仓库内各种保安防范措施和功能的集中监控管理、报警处理和联动控制。

鲜活农产品由于保鲜期短，极易腐烂变质，往往要求运输距离和运输时间很短，需要极高的运输效率和运输保鲜能力。由于农产品自身的特点，运输过程中农产品不同于普通货物，需要不同的车辆和运输任务规划。运输过程中运用 GPS 定位系统、GIS 地理信息系统等技术，实时跟踪运输过程，并向技术集成化发展。其中，GPS 定位系统在农产品物流领域主要用于跟踪运输车辆和提供导航。GIS 地理信息系统技术在农产品物流领域主要用于运输车辆的定位和跟踪调度，还可利用地理信息系统强大的地理数据功能来解决物流线路的优化问题。RS 技术能实现远距离高空探测，获得物体反射的波段信息，主要用于农业生产中的种植面积监测、病虫害危害程度、土壤类型及土壤肥沃程度的监测、水资源监测、农作物生长状况、土壤沙化程度、土地盐碱化程度、农作物受灾情况等信息的获取。GIS 技术可以利用 RS 技术获得的地面数据，形成道路路线设计和物流过程调控，为农产品物流体系提供最优的配送路径方案。

目前，国内关于"3S"技术在车辆导航和货物配送中的运用正处在研究阶段，在一些大型物流运输企业中使用了全球定位系统和地理信息系统。

随着农业电子商务、农业大数据在农产品经营流通过程中的运用，我国的农业经营信息化已有了快速的发展，农产品的网上交易量逐年增长，蔬菜水产品等容易腐败的农产品运输基本实现冷藏化。在全国范围内，已基本构建农产品市场价格信息采集体系，开发了农业信息采集终端及后台信息分析系统，对农产品的田头市场、批发市场、零售市场的交易信息进行了实时的采集与分析，相关政府部门利用采集的农产品市场信息进行分析与预判管理，并定期发布农产品价格走势、产量预测、行情分析等农产品经营分析报告，指导农民有选择地种植和经营，极大地提高了农民经营的收入，降低了受市场价格波动的冲击。

第三节　农业管理信息化现状分析

农业管理信息化是指在农业管理过程中，应用信息技术，发挥信息作用，以简化管理程序，提高管理效率和水平。我国农业管理信息化一般是指农业电子政务，即农业主管部门政府管理的信息化。目前，我国正通过"金农工程"推进电子政务的发展，主要内容包括农业监测预警、市场监管以及信息服务的信息化。

一、农业监测预警信息化

农业监测预警信息化，是将信息技术应用于农业信息采集、农产品监测预警和动物疫情防控等方面，提升信息采集的效率，提高预警工作的及时性，增强动物疫情防控能力。

1. 农业信息采集

在农业信息采集方面，建立了一个采取统一采集软件、统一数据库管理办法的农业信息采集系统。目前，该系统已完成农业综合统计、成本调查、物价监测、农情调度、境外农业资源开发合作、贸易促进中心信息 7 个子系统的建设，开发各类报表 150 余种。采集系统平台在全国多个省完成了部署，并与国家粮食局开展了数据共享工作，实现了主要粮食品种的数据共享[12]。

2. 农产品监测预警

在农产品监测预警方面，建立了一套农产品监测预警系统。该系统通过整合数据资源,针对粮、棉、油、肉、蛋、奶、水产、蔬菜、水果等 18 类农产品,建立了农产品产前、产中、产后业务数据库,实现了预警信息的整合和共享,为社会公众提供了权威、及时的农产品监测预警信息服务。目前,系统已实现对 18 类农产品的模型分析,建成农村经济、农产品贸易、农产品价格等 14 类数据集市[12]。

3. 动物疫情防控

在动物疫情防控方面,建立了一套动物疫病防控管理的信息管理系统。该系统根据农业部重大疫情防控指挥办公室收集汇总的数据资料,建立了一个疫情防控信息库。在此基础上,对数据进行整理、加工和分析,逐步形成农业部动物疫情应急指挥平台。该平台日常用于数据采集和分析,遇到重大突发事件,用以辅助监测事态变化,为决策指挥做信息支撑。目前,该系统还可通过国家农业综合门户网站向外部发送动物疫病防控信息。

二、农产品和生产资料市场监管信息化

农产品和生产资料市场监管信息化,包括农产品质量安全监管信息化和农业生产资料市场监管信息化两部分,主要目的是提高政府市场监管的效率和透明度,实现信息跨部门、跨地区共享。

1. 农产品质量安全监管

在农产品质量监管方面,建立了国家农产品质量安全监测信息平台,涉及有机食品、绿色食品、无公害食品、地理标志的监管。从农产品源头、运输到批发、摊点零售,进行全程监管。由固定监测信息员,每天通过报表、手机终端形式或互联网形式,采集农产品原产地、品质、检验检疫、运输方式、销售时间、保质期等质量安全信息。传输至平台数据端,并对数据及时进行分析,罗列出有质量安全问题的产品品种和源头,即时发布农产品质量安全报告。目前,该系统正逐步扩大信息采集范围,增加质量监管的品种和地区。

2. 农业生产资料市场监管

在农业生产资料市场监管方面,农资打假、农机鉴定、饲料监管、农药监管、

兽药监管 5 个信息监管系统全面推广应用。同时还建立了农资在线审批系统，并与海关总署建立了信息共享机制。以 2011 年一季度为例，农药网上审批子系统实现网上审批受理 830 余件[12]。

三、农村市场与科技信息服务信息化

农村市场与科技信息服务信息化主要包括农业科技信息服务信息化、农村市场供求信息服务信息化、农产品批发市场价格信息服务信息化。

1. 农业科技信息服务

在农业科技信息服务方面，建立了一套农业科技信息联合服务系统。该系统包括国家农业科技数据库、省级农业科技数据库等数据中心；开发了农业科技信息目录系统、农业科技信息联合服务频道、农技业务系统工作平台等应用系统。目前，该系统提供了视频点播、短信订阅等多种形式的信息服务，在全国多个省（自治区、直辖市）完成了部署。

2. 农村市场供求信息服务

在农村市场供求信息服务方面，建立了一套全国互联的服务系统。该系统包括供求一站通、农交会、促销平台、网上展厅等业务应用。该系统的建设为农业生产、经营者、农业相关主管部门、基层服务站等提供了一个互动平台，为农村市场供求双方提供了及时、准确、可靠的信息服务。

3. 农产品批发市场价格信息服务

在农产品批发市场价格服务方面，我国已建立一套服务系统，对全国各地批发市场农产品价格数据和农产品质量检测信息进行采集、处理、分析、查询和发布，依靠国家农业数据中心和国家农业综合门户网站，将全国性和区域性农产品批发市场通过互联网联通起来。目前，联网批发市场已有 520 余家，农产品 550 余种，日电子结算信息 10 万余条[12]，有关价格信息每天通过农业部门户网站等媒体对外发布。

第四节　农业服务信息化现状分析

农业信息服务包括公益服务、便民服务、电子商务、培训体验服务等诸多内容。农业服务信息化，就是用信息技术的手段，服务农业发展的全过程。随着社会的发展和技术的进步，信息技术与农业服务的高度融合越来越成为现代农业信息服务的发展方向。我国农业信息服务虽然起步较晚，但发展较快，尤其是近几年的飞速发展，为农业全程信息化建设提供了基础和保障。

一、农业信息服务基础设施逐渐完善

以国家"村村通"工程为基础，我国农村的交通、电话、有线电视、互联网等基础设施逐渐完善，为农业信息服务的发展提供了基础。2012 年，全国农村居民家庭平均每百户电视机拥有量已经达到 118.3 台，拥有固定电话 42.2 部，移动电话 197.8 部，拥有计算机 21.4 台，广播节目人口覆盖率达到 97.5%，电视节目人口覆盖率达到 97.6%，98% 以上的农村已通公路。这些农村基础设施的发展与完善，保障了信息服务的有效运行[3]。

二、农业信息服务技术手段快速发展

首先，农业政务服务快速普及。依托国家"金农工程"项目，初步建成国家农业电子政务支撑平台、国家农业数据中心以及覆盖多级的农业门户网站群，先后开通 40 余条部省协同信息采集渠道，上线运行涉及数据采集、形势会商、业务监管、行政审批、应急指挥等多个方面的大量信息系统。在"金农工程"的带动下，各级农业部门相继建设并启用了大批电子政务信息系统，有效地推动了农业行政管理方式创新，农业部门监管经济运行能力、决策能力和服务"三农"水平明显提高。

其次，农村信息服务范围不断拓展。目前，初步形成了以"12316"热线为纽带，集网站、电视节目、手机短（彩）信等多种手段相结合的信息服务格局。据统计，"12316"平台已覆盖全国 1/3 的农户，成为农民和专家的直通线、农民和市场的中继线、农民和政府的连心线。初步实现服务体系横向跨省联通、纵向延伸乡村，对内融入各类农业公益服务，对外接入便民服务和电子商务，支撑信息精准到户、服务方便到村。

最后，农村经营服务继续延伸。以电子商务为载体的新型经营服务模式，在农产品进城、工业产品下乡过程中，向乡镇、村庄延伸的速度不断加快，使广大农村地区享受到了方便快捷的商业服务。

三、农业信息服务体系逐渐健全

首先，农业信息服务机构逐渐健全。从中央到地方均有完善的农业服务管理体系，全国 32 个省级农业行政主管部门（含新疆生产建设兵团）均设立信息化行政管理机构或信息中心，超过 55% 的县设立农业信息化行政管理机构，39% 的乡镇设立农业信息服务站，22% 的行政村设立信息服务点[13]。

其次，农业服务信息队伍逐渐扩大。农业部启动信息进村入户工作，为农业信息员队伍建设带来了新的发展机遇，全国逐渐建立了以村级信息员、农技员和区域性行业专家为主体的信息服务团队，全面覆盖部、省份、地（市、区）、县（区）、乡（镇）、村六级服务体系，全国专兼职农村信息员超过 18 万人。

最后，农业信息服务技术体系得到进一步加强。以"12316"热线及短信彩信、涉农网站、移动终端应用程序（APP）、农技推广体系等为载体的现代信息服务手段，在农业生产、农村发展和农民生活过程中，逐步形成了配套兼容、相互融合、关联互动的技术体系，并且逐步走向成熟。

本章参考文献

［1］何乾峰，王晓明．湖南省林地测土配方信息系统应用——以江华县林地土壤及造林树种为例．湖南林业科技，2013，2：40-43.

［2］陈怀亮，李颖，张红卫．农作物长势遥感监测业务化应用与研究进展．气象与环境科学，2015，1：95-102.

［3］农业部市场与经济信息司．中国农业农村信息化发展报告 2013. 2013.

［4］鞠德明．黑龙江垦区精准农业技术应用现状与趋势分析．黑龙江八一农垦大学，2014.

［5］李作伟．物联网技术在设施农业中应用的调查研究．河南科技大学，2012.

［6］燕艳，田春华，张凤军．北京通州设施农业物联网技术的应用与探讨．北京农业，2013，24：220，221.

［7］袁益明．荷兰—上海农业设施装备发展的比较与借鉴．上海交通大学，2009.

［8］中共中央国务院．中共中央国务院关于加快发展现代农业进一步增强农村发展活力的若干意见．http：//www.gov.cn/gongbao/ content/2013/content_ 2332767. htm ［2012-12-31］.

［9］中国电子商务研究中心. 到 2013 年 11 月农产品电商平台达 3000 家. http：//b2b. toocle. com/detail--6148457. html ［2014-01-14］.

［10］阿里研究院. 阿里农产品电子商务白皮书（2013）. http：//i. aliresearch. com/img/20140312/20140312151517. pdf ［2014-03-12］.

［11］李彪, 蒋平安, 孟亚宾, 等. 农产品溯源技术在新疆的应用现状分析. 天津农业科学, 2013, （11）：37-40.

［12］张燏. 我国农业服务信息化分析. 中国信息界, 2012, （5）：35-39.

第三章 农业全程信息化关键技术

农业信息化是信息技术在农业领域中的应用，这些纷繁复杂的信息技术以一些关键技术为支撑，构成了一个相互关联的农业信息技术体系。农业信息化关键技术是指在进一步推进农业信息化建设过程中，无法替代、不可或缺的信息技术。农业信息化关键技术的发展有利于提高农业信息化建设的质量和水平，主要包括农业大数据技术、农业物联网技术、农业精准装备技术、农业监测预警技术、农业云计算技术、"3S"技术以及农业信息分析技术等。这些关键技术与其他信息技术相互交叉、融合、集成，应用于农业生产、经营、管理和服务各个环节，构成我国农业信息化技术体系。

第一节 农业大数据

大数据充分利用互联网上的海量信息，通过找寻不同数据间存在的规律和联系，建立目标与其他因素的相关性，实现通过数据分析进行决策。农业大数据是大数据理念、技术和方法在农业领域的实践，它融合了农业地域性、季节性、多样性、周期性等自身特征，涉及耕地、育种、播种、施肥、植保、过程管理、收获、加工、储藏、销售、养殖、防疫、屠宰检疫等各环节，需要用专有的技术和分析方法来提取其中的巨大潜在应用价值。农业大数据满足了现代农业发展的需要，对推动现代农业发展有着重大意义。

一、大数据的起步和发展

最早提出"大数据"的是阿尔文·托夫勒,他将"大数据"赞颂为"第三次浪潮的华彩乐章"。随着物联网、云计算等高新技术的不断发展,大数据日渐成为人们关注的焦点。2008年一篇系统地介绍大数据的出现给科学研究带来巨大挑战的文章"Big Data: Science in the Petabyte Era"在"Nature"杂志上发表。2011年世界对大数据有了新的认识,更加强调大数据的作用和应用领域,并对今后大数据的整理和处理数据能力所带来的机遇进行了讨论,相关的专题研究在"Science"杂志上发表。之后,世界各国对大数据研究产生了浓厚的兴趣,争先出台有关大数据发展的战略规划。

2012年3月29日,奥巴马政府发表"Big Data Research and Development Initiative",号召美国国民通过提升从大数据中提取知识和洞见的能力,来加速科学研究和工程技术的发展,加强美国国土安全,改变教育和学习的模式。英法等欧洲国家也加大了大数据相关研发项目的投资。2013年日本安倍内阁发布"创建最尖端IT国家"的宣言,将大数据作为新IT国家战略的核心,尤其注重大数据在交通、医疗、农业等传统行业的应用。

我国政府也十分重视大数据的发展,于2012年多次以大数据为主题召开会议,如香山科学会议第424次和第445次会议,探讨大数据相关问题。2013年中国最具影响力的大数据技术大会在北京召开,重点讨论了大数据的行业应用,同时对大数据的法律法规和相关政策等也进行了深入的探讨。2014年汪洋副总理提出,搜集数据、使用数据已成为当前国际竞争的一个新的制高点[1],号召国民加强大数据的研究与应用。

二、大数据在农业中的应用

近年来,随着物联网、云计算及遥感等技术在农业全程中的应用,农业数据呈现海量爆发趋势,从而为大数据技术在农业领域应用提供了基础。目前,农业数据的来源包括农业环境与资源、生产、市场和管理等领域,具体包含土地资源数据、水资源数据、种植业生产数据、养殖业生产数据、市场供求信息、价格行情信息、国内生产信息、贸易信息等。根据大数据的数据来源,分析大数据在农业中的应用,包括但不局限于以下三个方面。

1. 农业资源管理

我国农业资源紧缺,尤其面临着耕地资源紧张和水资源不足的问题。利用大数据平台,整合土地资源、水资源、气候资源和生物资源等信息,进行科学决策,合理配置农业生产资源,提高农业资源的利用率,实现农业高效、可持续发展。

2. 农业生产过程管理

对农业生产过程中积累的数据(如温湿度、光照、二氧化碳浓度、灌溉时间、灌溉量以及农产品产量和农产品质量等),进行大数据分析处理,研判农产品产量质量和生长环境的相关性,改变传统依靠经验种地的习惯,精准管理农业生产的各个环节,生产出更加优质的农产品,提高农民收入。

3. 监测预警

通过对农产品生产、消费、流通、价格等市场数据的专业分析,判断农产品的市场需求,预测农产品价格波动情况,及时发布预警信息,采取精准调控措施,避免农产品价格出现大幅波动。

三、我国农业大数据的主要问题

我国农业大数据技术当前处于起步阶段,在实际应用中存在许多问题,包括技术体系不健全、技术水平落后等,具体表现在以下三个方面。

一是缺乏数据采集标准,数据共享能力低。由于体制机制等原因,部分行业管理部门各自为政,造成我国农业数据采集标准不一,缺乏统一规范的信息采集标准,采集到的信息无法进行有效衔接和比较,与业务流程和应用脱节严重,造成"信息孤岛"问题,并且采集到的信息分散到数量较多的信息平台和科研机构,缺乏统一的数据汇集点,也无法进行信息下载、共享等。

二是数据清洗困难,元数据标准尚未构建。由于信息采集标准不一,造成数据结构不同、数据质量参差不齐,因此,在对数据进行分析、处理之前,需要对大量的数据进行数据清洗,使其满足使用要求,剔除异常数据、错误数据等,以更有效地对其进行大数据分析。数据清洗后,还应建立元数据,用以对数据从来源、采集方式、采集时间等方面进行描述,从而更高效地对数据进行处理和管理。

三是数据分析模型落后，智能化水平较低。数据的处理和分析是大数据时代的核心能力，当前数据分析挖掘的速度已经远远落后于数据产生的速度，传统的数据分析处理方法已经力不从心，因此，需要基于当前先进技术，构建先进的大数据处理分析模型，使数据处理方法、数据算法更加智能。

四、农业大数据的重点领域

未来，农业大数据将向大数据整合、大数据平台搭建、智能化数据处理三方面发展。

首先，统一数据标准和规范，构建农业基准数据，推动数据标准化。我国农业信息采集工作历经多年，构建了很多不同级别、面向不同领域的数据资源，形成了庞大的信息资源财富。但是由于数据之间缺乏统一的标准和规范，信息不能共享，利用率低，信息资源分散，因此，需要消除数据鸿沟，实现数据标准化，才能更好地发展农业大数据。

其次，搭建农业大数据平台。针对专业领域，基于农业大数据技术，构建具有大数据智能处理、大数据分析结果发布、决策管理信息发布等多种功能，设计构架稳健、人机交互功能良好、扩展性和应用性强的综合性大数据平台。

最后，研发先进智能化处理模型、智能化处理技术。今后，大数据处理应更加智慧化，采用先进的模型，对结构复杂、数量繁多的数据进行处理，从而精确地挖掘出隐含信息，提高大数据利用水平。

第二节　农业物联网

农业物联网是指通过传感器技术、射频识别技术、无线传感技术把农业生产中的农机设备、动植物生长环境、土壤墒情、病虫害状况、受灾程度、机械单元与生产者和管理者连接起来，实现了"人、机、物"一体化，逐渐降低物体和机械在农业生产中的作用，大大提高了人的智慧的作用。

一、物联网的发展历程

1999 年，美国麻省理工学院 MIT Auto-ID 中心主任凯文·艾什顿教授在研究 RFID 时，最先提出物联网（internet of things）这一概念[2]。SUN 公司于 2003 年系统介绍了物联网及其工作流程，并提出一些物联网解决方案。IBM 于 2008 年发表了"智慧地球"的发展战略，战略设想将传感器嵌入和装备到各行业的装备中，以形成物物相联的网络体系，从而实现人类社会与物理系统的全方位整合，次年，该构想得到了奥巴马的公开肯定。

我国对物联网的创新和应用十分重视。2009 年，温家宝总理在江苏无锡视察时提出，要在激烈的国际竞争中，迅速建立"感知中国"中心。这一概念提出后，物联网成为国内学者探讨的热点，并迅速受到国内各行业追捧，国家部委、地方政府也相继开展物联网试点工程，促进物联网发展。次年，物联网被正式列为我国五大新兴战略产业之一。2012 年，习近平主席在中国农业大学指出，"农业物联网是农业生产方式变革的重要手段，是现代农业发展的方向，要让物联网更好地促进生产、走进生活、造福百姓。"[3] 自此，我国农业物联网技术蓬勃发展起来，在研究与应用上均取得较大进展，农业传感器技术专业化水平不断提高，网络传输技术手段不断丰富，智能化管理程度不断加强，射频识别技术和二维码技术不断普及应用等。

二、农业物联网的应用

根据我国农业的发展需求，当前农业物联网主要应用在以下几个方面。

1. 大田种植

大田种植环境复杂，不确定性强。利用土壤传感器、气象传感器、植物生理传感器、二氧化碳传感器、作物长势传感器及视频传感器等，实现对大田种植环境信息的实时感知，准确掌握农作物需水量，控制灌溉时间和灌溉量；根据土壤有机质含量，确定施肥种类和数量，结合地理信息系统，实行变量施肥；利用视频提取及图像处理技术，提前发现农作物病虫害征兆，进行早期预警，喷洒农药，防止病虫害的发生。农业物联网技术将改变粗放的大田种植方式，促进农业增产增效。

2. 设施园艺

设施园艺是农业物联网应用最成功的一个领域。利用农业物联网技术，可以实现温室内温湿度、二氧化碳浓度、光照强度、土壤温湿度及蔬菜长势的全面感知；通过操作控制模块，可以远程调控风扇、灯光、卷帘、加热器、滴灌系统等设备，及时准确地控制生长环境，进一步提高园艺生产效率。

3. 畜禽养殖

畜禽养殖也是农业物联网的一个重要应用领域。通过对养殖环境，尤其是氨气、甲烷、硫化氢等有害气体含量的实时监测和智能控制，改善畜禽养殖环境，提高动物福利；通过对养殖个体饮水量、进食量、活动量等数据的监测，实现精细饲喂和早期疾病诊断预警，可以进一步降低养殖成本，保证畜禽产品质量，防止重大疫情的出现。

4. 水产养殖

水质是水产养殖中最为关键的因素，水质好坏，直接关系到水产品的安全和质量。利用农业物联网技术实现对水温、酸碱度、浊度、溶解氧浓度等指标的实时监控，保证适宜的养殖水环境。同时，根据感知的水体环境信息，控制投喂量，防止出现过度饲喂，造成水体的污染以及资源的浪费。

5. 农产品质量安全

农产品质量安全是当前社会关心的热点问题。利用农业物联网技术，可以把农产品的生产、加工、运输、仓储、交易等信息联系在一起，实现对农产品整个流通过程的监管，为保障农产品质量安全提供有力的技术支撑。

三、我国农业物联网的主要问题

虽然我国农业物联网取得了一定成就，但在发展与应用的过程中，仍暴露出一些问题。

一是尚未建成统一的应用标准体系。目前，我国物联网标准种类繁多、总量较少、缺乏统一的国家标准。在进行农业物联网信息采集过程中，由于采集对象复杂、获取到的信息种类不一，无法进行统一应用，成为制约农业物联网发展的首要因素。

二是缺乏农业物联网关键设备和核心理论。我国尚处于研发的初级阶段，没有形成一套符合我国农业实际情况的物联网技术和理论体系，农业物联网关键设备研发是当前我国农业物联网发展的一个短板，严重缺乏精准、灵敏、耐用、集成化程度高的低成本农业传感设备；而技术的研发又需要先进的理论做指导，因此，需要进一步开展相关理论研究。

三是物联网设备产业化水平低，缺少成熟的商业应用。我国生产的物联网设备水平较低、成本较高，难以满足产业化推广的需要。农业物联网项目大多数为政府示范项目，虽具有较好示范效果，但因成本、模式等问题，难以满足商业化应用的需要。

四、我国农业物联网的发展方向

当前，我国正处于传统农业向现代农业转型的关键时期，党的十八大报告提出"四化同步"的战略部署，大力开展信息化和农业现代化建设被提升到国家战略的高度，现代农业建设进入崭新的发展阶段。作为提升我国农业现代化水平的重要力量，物联网技术无疑将发挥巨大作用。

基于我国农业发展的需求和农业现代化发展的趋势，农业物联网将朝以下 3 个方向发展。

一是大力研究智能化数据处理技术。物联网的核心是对采集到的农业数据进行处理和分析，并将分析结果用于辅助农业生产、经营、管理和服务等环节，只有实现了智能数据处理，物联网才能发挥巨大的优势。

二是研发生产低成本、小型化、精度高的移动感知物联网设备，并进行产业化、商业化推广，不断推进物联网设备的应用普及，促进物联网进一步发展。

三是培养一大批专业农业物联网技术人才。农业物联网是一项新技术，其研究、集成、应用、推广均需要大量的专门人才。目前，我国相关方面人才严重缺乏，制约了农业物联网的发展步伐，因此，亟须加强高校与企业的联合，构建符合我国国情的人才培养模式，加大农业物联网人才培养力度，培育农业物联网专业人才。

第三节　农业精准装备

农业精准装备是指应用于精准农业的农业机械装备，它集成了"3S"技术、自动化技术等高新技术，能实现精准定位、定时、定量，是实施精准农业的有效工具，是助力我国传统农业改造的有效工具。未来，随着科学技术水平的不断提高、产品知识含量更加密集、个性化需求逐步提升、资源限制加强等因素的综合作用，农业精准装备将不断普及。

一、农业精准装备发展历程

农业精准装备伴随着精准农业的推广而不断发展。国外农业精准装备起步较早，20 世纪 80 年代初期，美国率先提出了精准农业这一科学化、现代化的概念和构想，20 世纪 90 年代初期，农业精准装备进入生产及实际应用阶段。伴随着美国的步伐，英国、德国、荷兰、法国、日本等相继在研制农业精准装备方面进行大力推进，目前，发达国家的农业精准装备技术成熟、种类繁多，各种监控设备、自动控制装备已应用于复杂的农业装备上，大大提高了农业机械装备的智能化水平。农业精准装备的应用，全面带动了发达国家现代农业高技术的发展。

我国农业精准装备研究应用起步稍晚，20 世纪 90 年代初期，在研究国外农业发展的基础上，国内相关专家提出对农业精准装备进行研制，以适应世界农业发展趋势，带动我国传统农业向现代农业转型。随后，我国启动智能化农业精准装备研究项目，将其纳入"863"计划（即国家高技术研究发展计划）及引进国际先进农业科学技术项目"精准农业技术体系研究"中，并在北京和新疆等地建立应用"3S"技术的农业精准机械装备操作试验田[4]。2000～2003 年，国家更是投资大量资金，在北京昌平区建成北京小汤山国家精准农业示范基地。

二、农业精准装备的应用现状

我国农业精准装备主要应用于精准农业试验示范区，尚未进行普及推广。目前已研制并在示范区应用的农业精准设备包括精准自动变量施肥播种机、智能化精准喷药机械、智能化精准喷灌机械、精准农业机载计算机、超低空遥感平台等[5]。目前，我国农业精准装备的研究和应用，主要集中在精准施肥、精准播种方向上。吉林省建立了精准农业基地 DGPS 差分基准站，引进并改装了精密播种变量施肥机，对施肥量可进行精密控制，既可用于施底肥，也可用于中耕施肥。北京农林科学院在国家精准农业示范基地对精准设备不断研究、改进、创新，在无人控制自动平地、播种、施肥等农业精准装备研制上均取得一定突破，并在示范园区开展实际应用。

三、我国农业精准装备发展存在的主要问题

当前，我国农业精准装备在发展过程中仍面临一些问题，存在很多制约因素，主要包括以下几个方面。

一是我国农业生产地形复杂多变，机械化和集约化水平较低。我国农田类型多样，除平原农田外，还有较多山地、丘陵田地，难以大量应用现代化农业精准机械设备，并且我国目前农业机械化水平较低，仍待进一步提升。

二是基础设施不健全，装备技术薄弱。我国农村基础软硬件设施条件较差，很难满足农业精准装备的适用条件，并且我国相关设备研制方面技术不成熟，目前主要处于引进再改进阶段，自主研制的适合我国农业生产条件的精准装备较少。

三是农业精准装备成本较高，农民购买力相对较低。一般引进的国外的农业精准装备价格昂贵，经过国内改进，成本仍然较高，大多数农民没有购买能力。

四、我国农业精准装备发展方向

我国是农业大国，农业精准装备的发展普及对我国农业水平提升具有关键作用，未来农业精准装备将朝以下方向发展。

一是建立示范基地，大力推广农业精准装备。根据我国国情，在各地区引进适合当地需求的农业精准装备，先示范再推广，逐步促进农业精准装备普及。

二是继续走技术引进再创新之路，因地制宜发展国内农业精准装备。目前我国相关方面技术水平较国外发达国家落后，因此需要先学习国外先进技术，然后根据国内实际需求，研制出具有中国特色的农业精准装备。

三是不断降低农业精准装备应用成本。农业精准装备造价较高，因此需要开发低成本农业精准装备，以促进精准装备普及推广。

第四节　农业监测预警

农业监测是指对农业生产、消费、市场等农业过程与环节进行信息特征提取、信息变化观测、信息流向追踪的系统行为。农业预警是指对未来农业运行态势进行分析与判断，提前发布预告，采取应对措施，以防范和化解农业风险的过程。农业预警工作的开展必须以大量的农业信息数据为基础，这决定了农业预警必须基于农

业监测和农业预测而开展。农业监测预警的核心环节包括数据采集、数据处理与分析和分析结果应用，主要用于农产品产量监测预警、市场价格分析与预测、供需平衡分析与预测、国际贸易状况分析与预警等。

一、监测预警的起源与发展

19 世纪末期，经济预警方法开始兴起。在巴黎统计学大会上，一篇以不同色彩作为经济状态评价的论文，使经济预警方法的研究得到了广泛的关注。20 世纪 30 年代中期，经济监测预警研究再度兴起，并开始进入实际应用阶段。20 世纪 60 年代，经济预警方法进一步得到了完善。20 世纪 70 年代末期，经济预警系统已经成熟，但是在理论研究等方面仍在持续推进。

20 世纪 80 年代中期，我国开始了预警理论的研究。最先研究的是经济循环波动的问题。我国预警理论的发展过程大体上分为两个阶段。第一阶段以研究西方经济发展理论、经济波动周期理论为主，同时分析了我国经济波动的状况以及原因。第二阶段研究提出了我国经济波动的提示指标。该阶段的研究重点从经济形态的长期波动转移到了经济形态的短期变化，尤其是西方景气循环指数方法的出现，促使这一研究得到了迅猛的发展[6]。

二、农业监测预警重要进展

随着信息化的深入，农业监测预警也开始采用现代信息技术，提高了监测预警的效率和质量，具体表现为：数据获取技术更加快捷、信息处理分析技术更加智能、表达和服务技术更加精准。

在数据获取方面，农业监测预警技术可以快速、有效、全面采集与农业相关的各类信息，如气象、位置、流通、市场和消费信息等。在农作物生长过程中，基于各类传感器以及植物生长监测仪等仪器，能够实时监测生产环境状况；在农产品流通过程中，GPS 等定位技术、射频识别技术实时监控农产品的流通全程，保障农产品质量安全；在农产品市场销售过程中，移动终端可以实时采集农产品的价格信息、消费信息，引导产销对接，维护市场稳定。

在信息处理分析方面，我国越来越重视数据分析能力和技术的提高，在分析技术方面，从以前的样本分析逐步向大数据分析过渡，从定性分析向定量分析发展，构建了各种专业性强的数据分析模型，并在此基础上开发数据分析系统。例如，在农产品供求及价格分析上，构建 CAMES 分析系统，对农产品的产量、价格进行短中长期的预测，对于今后农产品的走势进行综合的判断。

在分析结果表达和服务方面，可视化技术的发展使得数据分析的主要流程和结果能够更好地呈现和展示[7]。

三、农业监测预警发展方向

未来我国农产品监测预警将在数据标准、采集工具、分析能力、表达方式等方面朝标准化、实时化、智能化和可视化的方向发展。

一是构建农业基准数据，推动数据标准化。农业基准数据是指农业生产、环境、资源、劳动力等涉及农业所有的数据，并通过制定的数据采集标准和数据处理标准，获得标准化和规范化的数据。目前，我国颁布的各种标准和规范中对农产品的分类和定义不一致，导致数据无法有效衔接和比较。所以，亟须设定数据的采集、传输、存储和汇交标准，构建农业基准数据库。

二是开展数据获取技术研究，推进监测实时化。未来通过在农产品田头市场、产地市场、销地市场等布设移动监测设备，可以实时捕捉、拆分、整合农产品信息流。

三是构建大型模型系统，增强分析智能化。当前数据分析挖掘的速度已远远落后于数据产生、获取的速度，依靠传统的数据分析处理方法已远远不能满足现代农业发展的需要。针对农产品监测预警构建大型智能模型系统，是未来解决大数据条件下分析预警的关键。未来大数据处理分析将变得更加快捷、智能、精准，数据算法将更加趋于自适应和自识别，云计算将更广泛地应用于数据分析和处理中。

第五节　农业云计算

云计算是指利用互联网技术实现计算资源、存储资源的虚拟化以及共享。农业云计算技术可以节省农业信息化的建设成本，加快农业信息化建设步伐，对农业信息化水平的提升有巨大的促进作用。

一、云计算的发展历程

云计算的思想最早可以追溯到 20 世纪 60 年代，但直到 2007 年，IBM 公司宣布

"云计划"后，云计算才受到广泛关注[8]。2007 年以后，云计算方兴未艾，企业、政府部门和科研单位纷纷开展云计算的研发和应用。

在企业层面，谷歌、亚马逊、微软、英特尔等国外通信巨头，纷纷推出各自研发的云计算服务平台，如亚马逊的弹性计算云（EC2）、IBM 的"蓝云"计算平台等。国内的硬件厂商（华为、中兴等）和通信公司（中国移动、中国联通等）也都高度重视云计算的发展，纷纷提出自己的研发计划，如中国移动的"大云计划"、思科的"虚拟计算联盟"等[9]。

在政府层面，2009 年，美国总统奥巴马宣布将执行一项长期云计算政策；日本政府计划建立一个名为"Kasumigaseki Cloud"的大规模云计算基础设施，以支持政府运作的信息系统[10]；2010 年，我国工信部、国家发改委等联合确定了在北京、上海、深圳、杭州、无锡 5 个城市开展云计算服务创新发展的试点示范[11]。

在科研学术界，国内外针对云计算开展了对模型、应用、成本、仿真、测试等诸多问题的全方位深入研究[12]：谷歌同华盛顿大学、清华大学开展全面合作，启动了云计算学术合作计划；美国 Stanford 大学的研究人员将 MapReduce 的思想应用到多核处理器；Wisconsin 大学的研究人员在 Cell 处理器上运行了基于 MapReduce 的应用程序；清华大学研发了透明计算平台[13]。

二、农业云计算应用

物联网在农业领域的推广应用，产生了农业大数据，海量数据的存储和处理，又推动了云计算在农业领域中的应用。云计算具有大规模数据存储能力，低计算成本、方便使用等优势，非常适合海量数据的存储和处理。目前，云计算在农业信息资源海量存储、农业农村信息搜索引擎、农产品质量安全追溯管理、农业生产过程智能监测控制、农产品市场监测预警和农业决策综合数据分析[14]等方面具有广泛的应用前景。云存储具有成本低廉、服务连续、数据安全可靠、易于扩容和管理等优点，十分利于农村信息资源的存储、加工和利用。利用云计算可以改变现有农业信息搜索引擎的检索模式，大幅提高检索的速度和准确性。农业生产环境监测、农产品市场监测预警，以及农业生产决策都需要对大量的数据进行存储、加工和处理，都需要智能化的大规模计算系统支持。

近年来，我国积极探索云计算在农业领域的应用。河北省农业工程信息技术研究中心利用云计算技术和统一通信技术，建立了基于云模式的农业科技综合信息服务平台，提供农村科技云服务；北京市"猪肉质量安全溯源监管系统"，通过基于云计算的数据库平台，对众多的异构信息进行转换、融合和挖掘，实现猪肉质量的全程监控；此外，还有学者针对提升农村政务管理水平，研发农村电子政务云服务平台[15]。但目前，云计算在我国农业中的应用仍存在以下几个问题：一是重复建设，目前我国地方政府纷纷提出或制订云计算发展计划，单纯进行数据中心建设，买设备和其他硬件项目，从全国来说，没有一个统一的规划，导致云基础设施的重复建设。二是云计算安全规范机制不健全，容易引发数据盗用、泄密和窃取等问题。三是农业云平台建设规模小、服务内容和服务对象覆盖面相对狭窄，不能体现云计算平台优势。

三、农业云计算发展方向

未来，要提升我国农业云计算服务水平，应该从以下三个方面着手：一是统一规划云计算基础设施建设，避免重复建设；二是加快健全云计算安全规范机制，进行云安全等级控制；三是扩大农业云中心规模，通过规模效应，降低资源使用成本，提高云服务的可靠性和实用性。

第六节 "3S"技术

"3S"技术是全球定位系统（GPS）、遥感（RS）和地理信息系统（GIS）的集成与整合的总称。"3S"三项技术有共同的工作对象，即地球表面的各种地物信息；三项技术又有分工：遥感技术主要承担广域空间数据的采集与分析任务；全球定位技术主要承担地表物体精准空间位置数据的采集任务；地理信息系统技术主要承担数据的整合、存储、分析以及输出表达的任务。三项技术集成一个系列，担负着对地表信息的采集、存储、分析、加工、制图等任务。

一、全球定位系统及其发展历程

全球定位系统（global positioning system，GPS）是一个卫星导航系统。在可以同时观测到 4 颗或以上的 GPS 卫星时，它能够为地面或近地面的用户提供定位和精准的空间信息。

GPS 源于 1958 年美国军方的一个项目，1964 年开始投入使用。20 世纪 70 年代，美国国防部为满足军事部门对海上、陆地和空中设施进行高精度导航和定位的要求，而研制了新一代卫星定位系统 GPS。海湾战争结束后，GPS 技术的民用研究兴起。

二、遥感及其发展历程

遥感（remote sensing，RS），是指非接触的，以电磁波为媒介，远距离探测和接收来自目标物体的信息，并对目标物体进行识别或者分类。根据传感器是否主动发射探测电磁波，可以将遥感分为主动遥感和被动遥感；根据遥感平台，可以将遥感划分为航空遥感和地面遥感；根据传感器发射和接收电磁波波段，可以将遥感划分为可见光遥感、红外遥感和微波遥感。

遥感技术可以追溯到 20 世纪初期，1903 年，美国人发明飞机后不久，就开始进行航空摄影测量，1956 年，苏联第一颗人造卫星发射成功，标志着卫星遥感的开始。目前的农业资源环境数据主要来源于 1986 年法国发射的 SPOT 遥感卫星所采集的遥感影像。

三、地理信息系统及其发展历程

地理信息系统（geographic information system，GIS）是指用来采集、存储、编辑、操作、分析、管理和展示各种类型的空间和地理数据的系统。应用地理信息系统，用户可以创建用户定义的查询、分析空间信息、在地图上编辑数据、展示在地图上进行操作后的结果。地理信息系统的应用多种多样，涵盖工程技术、规划、管理、交通、物流、保险、通信、商业和农业等领域。地理信息系统处理和管理的对象是多种地理空间实体数据及其关系，包括空间定位数据、图形数据、遥感图像数据、属性数据等，用于分析和处理在一定地理区域内分布的各种现象和过程，解决复杂的规划、决策和管理问题。GIS 的概念产生于 20 世纪 60 年代，到 80 年代进入实际应用，90 年代应用已经成熟，到 21 世纪得到普遍应用。

四、"3S" 技术在农业上的应用

1. GPS 在农业的应用

GPS 技术提供的定位信息是发展精细农业的基础。一方面，利用 GPS 技术可以对拖拉机或联合收割机等农业机械进行动态定位,配合控制系统可以实现农业机械的自动导航,延长农业机械的工作时间,减轻农民的劳动强度。另一方面,进行田间农业信息采集的同时,记录 GPS 定位信息,结合 GIS 生成土壤肥力分布图、含水量分布图、病虫害分布图等,最终实现变量施肥、变量灌溉、变量喷药。不但节约大量化肥、水、农药等农业资源,而且减少了农业生产对环境的污染。此外 GPS 还用于渔船导航,对于提高渔业管理水平、保障渔船安全、增进渔业效益有重要的意义。

2. RS 在农业的应用

遥感技术具有采样范围大,获取信息量大、速度快、手段多以及采样受限条件少等诸多优势,在农业方面拥有广泛的应用空间[16]。遥感技术主要应用于农业资源环境信息化中,在农业资源调查、作物长势监测、环境污染监测、土地质量监测、农业灾情监测和农作物估产等领域有着广泛的应用。随着精准农业的发展,遥感技术越来越多地应用于精准农业生产中。

3. GIS 在农业的应用

早期 GIS 主要应用在土地资源调查、土地资源评价、农业资源信息管理分析等方面。随着 GIS 在农业领域的应用不断深入和普及,其应用范围扩展到区域农业规划、区域农业可持续发展研究、土地的农作物适宜性评价、农作物估产研究、农业生产信息管理、水资源管理、农业生态环境监测、精准农业等方面[17]。

第七节 农业信息分析技术

农业信息分析是以特定农业问题的实际需要为导向,借助现代化的计量经济方法与信息技术手段,运用信息分析的基本理论和方法,通过对原信息进行深入、全面、综合的研究分析,作出智能化判断和预警结果的过程[18]。其包含的技术包括农业预警知识库构建与数据融合、农业风险识别与诊断技术、农业风险评估与区划方法、食物安全情景仿真模拟、食物安全信息公共服务技术 5 个方面。

一、农业信息分析技术产生背景

现代农业发展的战略需求,是农业信息分析技术产生和发展的根本动力,农业管理与决策方式的转变、农产品市场的有效监测与预警等，均需要农业信息分析技术来支撑。保障粮食安全、防范产业风险和支撑现代农业管理这三大任务，促使农业信息分析技术快速产生与发展。农业信息分析是保障粮食安全的关键措施，通过智能分析和预警技术手段，可减少粮食生产波动，通过快速分析和早期识别技术，可提升信息快速采集、自动分析、早期判别能力；农业信息分析技术是防范产业风险的有效手段，通过农业分析技术对海量数据进行挖掘，从而识别隐性风险，早发现、早预防；农业信息分析技术是现代农业管理的重要支撑，通过提升农业管理的数字化、智能化、系统化水平，促进现代农业管理发展。除此之外，一些现代化的信息技术，也为农业信息分析技术的不断丰富、不断发展提供了重要契机。

二、农业信息分析技术发展概况

最近几年，我国农业科研人员加强农业预警信息的分类方法研究，探索农业预警信息间的关联关系，开展农业预警知识库划分标准和类型设计研究，构建了农业预警知识库群。在农业风险识别和诊断技术方面，围绕农业发展中面临的各类风险，根据不同类型风险的特点，研究风险因子识别方法和技术，通过研究各风险因子的作用方式和危害程度，建立早期判断不同区域不同类型农业风险的诊断技术和监测指标体系。在农业风险评估与区划方法方面，围绕农业产业发展中面临的不同类型风险，我国农业科研人员研究各种风险的时空分布特征和计量方法，建立各类农业风险评估理论模型。在食物安全情景仿真模拟方面，探索建立食物安全数据库，研究仿真模拟的理论和方法，并依据不同影响因素和冲击发生的概率和频次，通过模拟，探索采用定量的方法对各种仿真模拟结果进行等级评估。在食物安全信息公共服务技术方面，研究安全信息共享技术，重大食物公共安全事故影响评价技术，食物安全舆情信息挖掘与专题推送技术和重大食物安全政策动态跟踪与实施效果评估技术。

三、农业信息分析技术应用效果

依托农业信息分析技术，我国农业信息分析工作取得较大成效，形成了一大批农产品市场监测数据与深度分析报告，为政府部门掌握生产、流通、消费、库存和贸易等全产业链的过程变化，稳定市场提供了重要的支撑。农业部自 2002 年开展市场分析预测工作以来，组建了由农业部信息中心、农业部农村经济研究中心和中国农业科学院农业信息研究所为主体的共计 30 多人的信息分析员队伍，对大米、小麦、玉米、猪肉、棉花等农产品进行监测，应用农业信息分析技术对监测数据进行处理，形成日报、周报、月报等。2010 年以来，在常规监测的基础上延伸到热点监测，并及时处理、上报监测信息，为相关部门及时有效决策及宏观调控提供了参考。

四、我国农业信息分析技术发展方向

当前，我国农业信息分析技术智能水平较低，协同性能较差，尚不能完整适应现代农业产业整体发展要求。未来，农业信息分析技术将面向全面信息采集、智能信息处理、高效信息推送发展。首先，信息采集技术将更加先进，采集到的信息更加及时、丰富、全面。传感器技术、无线传感网络技术等会逐步应用到农业信息采集中，提高农业信息采集水平。其次，信息处理技术将更加智能，现代农业产业需要更加智能、高效、精确的农业信息分析技术，因此需要建立更加智能化的模型、采用智能化的信息分析技术进行处理。最后，信息推送技术将更加高效，信息推送将更加及时、信息推送手段也将更加丰富。

本章参考文献

[1] 张浩然，李中良，邹腾飞，等. 农业大数据综述. 计算机科学，2014，S2：387-392.

[2] 汪洋. 汪洋谈大数据. http://miit. ccidnet. com/art/32661/20140114/5325641_1. html［2014-01-14］.

[3] 李道亮. 农业物联网导论. 北京：科学出版社，2012.

[4] 张建华，赵璞，刘佳佳，等. 物联网在奶牛养殖中的应用及展望. 农业展望，2014，10：51-56.

[5] 宁建，孙宜田，刘青，马天石，等. 智能化精准农业装备的发展趋势. 机电产品开发与创新，2011，2：77-79.

[6] 贺立源. 农业信息化进展. 北京：中国农业科学技术出版社，2013.

[7] 黄继鸿，雷战波，凌超. 经济预警方法研究综述. 系统工程，2003，2：64-70.

[8] 张建勋，古志民，郑超. 云计算研究进展综述. 计算机应用研究，2010，2：429-433.

[9] 余辉，苏雪. 云计算在中国的发展及启示. 软件导刊，2014，11：3-5.

[10] 房秉毅，张云勇，程莹，等. 云计算国内外发展现状分析. 电信科学，2010，S1：1-6.

[11] 陈威，杨立新. 韩国农业信息化的发展及启示. 安徽农业科学，2013，24：10021-10023.

[12] 李乔，郑啸. 云计算研究现状综述. 计算机科学，2011，4：32-37.

[13] 陈康，郑纬民. 云计算：系统实例与研究现状. 软件学报，2009，5：1337-1348.

［14］崔文顺．云计算在农业信息化中的应用及发展前景．农业工程，2012，1：40-43.

［15］魏清凤，罗长寿，孙素芬，等．云计算在我国农业信息服务中的研究现状与思考．中国农业科
技导报，2013，4：151-155.

［16］母金梅，申志永．3S 技术在我国农业领域的应用．农业工程，2011，2：68-70.

［17］褚庆全，李林．地理信息系统（GIS）在农业上的应用及其发展趋势．中国农业科技导报，
2003，1：22-26.

［18］许世卫．农业信息分析学．北京：高等教育出版社，2013.

第四章　农业全程信息化技术体系构建

农业全程信息化技术是助力我国传统农业向现代农业转型的主要工具，是促进我国农业信息化、现代化进步的重要支撑。当前，随着社会的发展、科技的进步，农业全程信息化技术水平不断提高、技术种类也不断丰富，以农业生产、农业经营、农业管理和农业服务 4 大领域相关的共计 15 类 69 种技术作为依托，构建我国完备的农业全程信息化技术体系，在优化农业产业结构、创新农业经营模式、改善农业管理方式、提高农业服务水平以及提升农业整体素质方面具有积极且重大的意义，对我国农业全程信息化的发展起到了强有力的助推作用。

第一节　农业全程信息化技术体系概述

20 世纪 90 年代，随着互联网等信息技术的发展和普及，我国信息化建设水平得到了迅速提升。党的十八大提出"四化同步"的思想，大力推动工业化、信息化、城镇化和农业现代化，指出，"加强农业信息化建设是实现我国农业现代化的主要动力和关键手段，是增强我国综合国力和国际竞争力的重要环节。"[1]农业全程信息化已成为发展农业生产力，提高农业经济实力和竞争优势的重要保证。

为适应农业全程信息化发展趋势，在深入研究当前农业全程信息化相关技术的基础上，提出农业全程信息化技术体系。农业全程信息化技术体系（图 4.1）由农业生产信息化技术体系、农业经营信息化技术体系、农业管理信息化技术体系和农业服务信息化技术体系四部分构成，又可细分为物联网技术、精准机械装备技术、"3S" 技术、远程控制技术、智能控制技术、电子商务技术、溯源技术、撮合技术、匹配技术、电子政务技术、智能社区技术、监测预警技术、信息发布技术、信息推送技术和农业云服务技术 15 大类，是我国农业全程信息化发展的有力支撑。其中，农业生产信息化技术体系包括物联网技术、精准机械装备技术、"3S" 技术、远程控制技术和智能控制技术 5 类；农业经营信息化技术体系包括电子商务技术、溯源技术、撮合技术和匹配技术 4 类；农业管理信息化技术体系包括电子政务技术、智能社区技术和监测预警技术 3 类；农业服务信息化技术体系包括信息发布技术、信息推送技术和农业云服务技术 3 类。

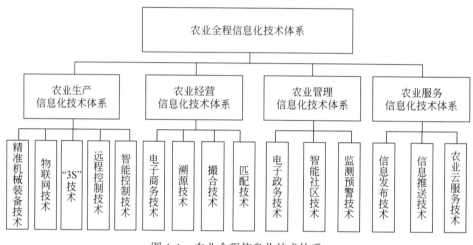

图 4.1　农业全程信息化技术体系

第二节　农业生产信息化技术体系构建

农业生产信息化是指将信息技术手段应用到农业生产的各个环节，改变传统落后的农业生产方式，促进传统农业生产向现代农业生产不断转变，提高农业生产的机械化、信息化水平，并最终达到提高农业生产力的目的。

助力农业生产信息化水平不断提升的农业生产信息化技术体系（图 4.2）由与农业生产相关的精准农业机械装备技术、农业物联网技术、"3S" 技术、远程控制技术和农业生产智能控制技术等 5 类技术构成。精准机械装备技术可分为精准播种装备技术、精准施肥装备技术、精准灌溉装备技术、精准施药装备技术、精准收割装备技术、精准饲喂装备技术等 6 种技术。农业物联网技术包括物联网感知技术、物联网传输技术及物联网智能处理技术 3 部分。"3S" 技术可分为遥感技术（RS）、全球定位系统技术（GPS）和地理信息系统技术（GIS）3 种技术。远程控制技术包括红外远程控制技术、无线射频控制技术、无线网络控制技术、移动通信网络控制技术和卫星通信控制技术等 5 种技术。农业生产智能控制技术按应用领域可分为大田种植智能控制技术、设施园艺智能控制技术、畜禽养殖智能控制技术、水产养殖智能控制技术 4 种。

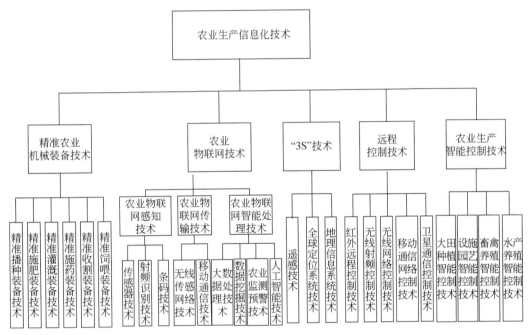

图 4.2　农业生产信息化技术体系

一、精准农业机械装备技术

精准农业机械装备技术就是将农业机械与信息技术等相结合，具备常规农业机械装备不能具备的功能，提高农业机械装备的现代化水平，达到常规农业机械装备不能起到的效果，按适用对象，该技术可分为精准播种装备技术、精准施肥装备技术、精准灌溉装备技术、精准施药装备技术、精准收割装备技术、精准饲喂装备技术等 6 种技术。

精准播种装备技术，依靠变量化的精确播种机，实现标准化播种，即播种均匀、深浅一致等，采用精准播种装备技术，可解决种子资源浪费问题，不仅能节约大量的优良种子，减少农民在购买良种方面的成本投入，还能使种子获得最佳的田间分布，提高农作物的生长效率。

精准施肥装备技术，依靠精准变量施肥机械，考虑不同地区土壤的类型、土壤中养分的盈亏情况、农作物的种类、农作物生长状况、农作物生长阶段等因素，设计科学合理的施肥配方，做到最优化施肥，既减少了施肥成本，又能降低过量施肥对生产环境及土壤生产水平的危害。

精确灌溉装备技术，依靠智能化的精确灌溉装备，根据农作物生长不同时期需水量的变化、土壤温湿度水平、土壤酸碱度变化等，采取实时变量的灌溉方式，在满足农作物用水的情况下，提高水资源的利用效率，节约灌溉用水。

精准施药装备技术，依靠精确施药装备，根据农作物生长时期、田间虫害状况、农作物种类等因素，设计科学合理的施药配方，采取精确定量喷药，降低喷施农药对生产环境及农作物品质的危害。

精准收割装备技术，依靠精确收割机械，根据天气变化情况、农作物成熟状况、农作物分布情况等，确定收割时间、收割区域，估算农作物种植面积、农作物生长状况、农作物单产等指标，实现一定标准的分类收割。

精准饲喂装备技术，依靠精准饲喂装备，根据畜禽的生长时期、生长状况、饮食习惯、饮食水平等具体特征，设计科学合理的畜禽日粮配方，并进行精准饲喂，从而保证畜禽需要的营养物质的充分供应、防止饲料浪费等。

二、农业物联网技术

农业物联网，是指在农业大系统中，通过射频识别、传感器网络、信息采集器等各类信息感知设备与技术系统，根据协议授权，任何人、任何物，在任何时间、任何地点，实施信息互联互通，以实现智能化生存、生活和管理的社会综合体[2]。农业物联网技术按农业信息的传输过程可分为物联网感知技术、物联网传输技术及物联网智能处理技术 3 部分。

物联网感知技术是指利用信息感知技术手段，获取农业全程各环节的信息，包括农作物长势信息、畜禽养殖信息、农产品价格信息等，实现对农业全程各环节的全面监控，为农业生产、经营、管理、服务提供安全、可靠的信息支持，该技术可分为传感器技术、射频识别技术和条码技术 3 种。传感器技术即使用各式各样的农业传感器，包括物理量传感器、化学量传感器和生物量传感器，对农业全程信息进行测量的技术。射频识别技术即通过射频信号自动识别目标对象，进而获取相关数据信息，是一种非接触式的自动识别技术。条码技术，是集条码理论、计算机技术、通信技术、光电技术、条码印制技术于一体的一种自动识别技术。条码主要包括一维条码和二维条码两种，现今在农业物联网领域主要应用二维条码[3]。

物联网传输技术包括无线传感网络技术和移动通信技术等 2 种技术，无线传感器网络（WSN）由传感器节点构成，该网络能够实时地通过网络中的传感器节点监测、感知和采集监测区域内的各种信息，并对这些信息进行处理，然后通过无线网络发送给观察者。蓝牙、Wi-Fi、Zig Bee 技术是 WSN 中常用的无线传感网络技术[3]。移动通信技术即以移动通信设备为媒介进行互联通信，包括 3G、4G 技术等。

物联网智能处理技术包括大数据处理技术、数据挖掘技术、农业监测预警技术和人工智能技术等 4 种技术。人工智能技术即将人工智能相关研究与物联网信息处理相结合，包括语音识别、图像智能处理、神经网络技术等，是当前信息处理的前沿技术。大数据处理技术、数据挖掘技术和农业监测预警技术在农业管理信息化技术体系构建一节中会详细介绍，此处不做赘述。

三、"3S" 技术

"3S" 技术集合了空间技术、传感器技术、卫星定位与导航技术、计算机技术和通信技术等，对空间信息进行采集、处理、管理、分析、展示、传输和应用。它是遥感技术、全球定位系统技术和地理信息系统技术 3 种技术的统称。

遥感技术（RS）是指通过电磁波远距离感知目标并获取其影像信息的一种技术手段。在农业领域，遥感技术主要用于农业资源调查、农业环境污染监测、土地质量监测、农业灾情监测、农作物长势监测、农作物产量估算、水产品养殖监测等。

全球定位系统（GPS）技术是指利用 GPS 定位卫星，在全球范围内实时获取位置信息并进行导航等功能。在农业领域，GPS 技术主要用于大田信息定位采集、无人农业机械田间自主作业导航、农产品流向跟踪等方面。

地理信息系统（GIS）技术是指在计算机软硬件的支持下，对地球空间中的地理信息进行采集、存储、分析、展示的技术。GIS 技术在农业全程中有广泛应用，包括土地管理、土地状况展示、农业区域分布展示和农业防灾减灾等。

四、远程控制技术

远程控制技术是指在一定距离外利用无线传输控制技术对农业生产进行智能化

调控，按控制媒介可分为红外远程控制技术、无线射频控制技术、无线网络控制技术、移动通信网络控制技术和卫星通信控制技术等5种技术。

红外远程控制技术是指采用红外发射器发出近红外光传送遥控指令实现无线控制。无线射频控制技术是指采用无线电信号来传递信息以达到对目标的远程控制。无线网络技术，即利用无线传输模块、无线路由等设备，通过因特网对设备进行远距离控制。移动通信网络控制技术，即利用运营商提供的3G、4G等网络，通过手机等移动设备对远程目标进行控制。卫星通信控制技术，即通过向通信卫星发射微波控制信号，然后由卫星作为中转站，向地面目标转发微波信号，进而实现超远距离控制的技术。

五、农业生产智能控制技术

农业生产智能控制技术是指以自动控制技术和计算机技术为核心，集成电力电子技术、信息传感技术、显示与界面技术、通信技术等诸多技术，在无人干预下实现农业生产自主驱动和自动控制。农业生产智能控制技术按应用领域可分为大田种植智能控制技术、设施园艺智能控制技术、畜禽养殖智能控制技术、水产养殖智能控制技术4种。

大田种植是指在大片的室外田地中种植农作物，因而，应用在室外田地并作用于农作物生产的智能控制技术被称为大田种植智能控制技术。目前，土壤墒情监测与自动灌溉、智能化浸种催芽、测土配方施肥等智能控制技术在大田种植中取得初步应用。

设施园艺又称设施栽培，是指在室外不适于某些农作物生长的季节和地区，利用特定的设施，如温室大棚等，人为创造出适于作物生长的环境，以生产出优质的蔬菜、水果、花卉等农产品。将智能控制应用到设施园艺中，即为设施园艺智能控制技术。目前，环境监控智能控制系统、水肥药精准控制系统在设施园艺中应用程度逐渐加强。

畜禽养殖智能控制技术，即应用智能控制技术控制畜禽养殖的各个环节，当前养殖环境智能控制系统、精准饲喂、发情和育种监测、养殖场经营管理信息系统等带动了畜禽养殖信息化水平的提高。

水产养殖智能控制技术，即将智能控制技术应用到水产养殖方面，目前，水质环境智能监控信息化水平稳步提高、渔业疾病智能防控信息化建设初见成效。

第三节　农业经营信息化技术体系构建

农业经营信息化是指将信息技术手段与农业经营相结合，创新传统的农产品产销模式和交易支付方式等，带动农业传统经营方式变革。

助力农业经营信息化发展的农业经营信息化技术体系（图4.3）包括电子商务技术、溯源技术、撮合技术和匹配技术4类。电子商务技术可分为企业对企业（B2B）、企业对客户（B2C）和客户对客户（C2C）3种。溯源技术包括农产品溯源信息采集技术、农产品溯源信息管理技术和农产品溯源信息识别技术3种。撮合技术包括企业间撮合技术（BAB）、企业和客户撮合技术（BAC）、企业和生产者撮合技术（BAP）及客户和生产者撮合技术（CAP）等4种技术。匹配技术则包括基础关键信息匹配技术、个性化特色信息匹配技术和专业化精准信息匹配技术3种。

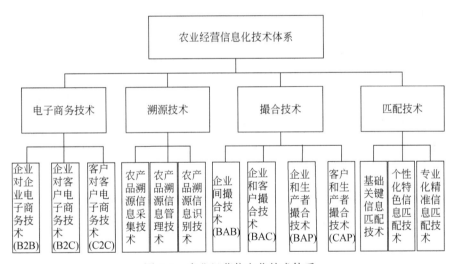

图4.3　农业经营信息化技术体系

一、电子商务技术

电子商务是指以信息技术为支撑手段，以商品交换为主要目的，在线进行的一种商务活动。具体来说，通常是指在全球各地广泛的商品交易活动中，买卖双方依托互联网环境下的在线交易平台，达成协议并实行电子支付等商务活动，最终实现网上交易的过程。农业电子商务，即以农产品为交易对象，实现农商网上对接、产销网上对接的一种经营模式。

电子商务技术是由支撑电子商务运营的多种技术构成的，包括电子数据交换技术、因特网技术、Web 开发技术、移动终端 APP 技术、数据库技术等，本书根据交易对象的不同，将电子商务技术分为企业对企业（B2B）、企业对客户（B2C）和客户对客户（C2C）3 种。

二、溯源技术

溯源技术，即将农产品生产、种植及流通中的全部相关信息，编入电子信息载体，一般是条形码和电子标签，并将电子信息载体贴附在农产品包装上，随着农产品包装从生产者最后流动到消费者手中，消费者通过包装上的电子信息载体识别农产品的产地来源，并深入了解农产品情况，探寻农产品各个环节的信息[4]。目前农业领域主要应用的溯源技术包括条形码技术、RFID 技术。本书按信息流动的环节将溯源技术分为农产品溯源信息采集技术、农产品溯源信息管理技术和农产品溯源信息识别技术 3 种。

三、撮合技术

撮合，是指在多方交易中，存在中间方，汇集多方信息，然后通过信息的条件匹配，满足多方对信息的需求，实现最大的信息利用水平。农业领域的撮合技术，即改变传统交易模式，中间平台智能匹配农产品产销，促使商家或企业快速实现大量农产品交易。

撮合技术的应用需要依托中间撮合平台，所以该技术是由多种技术支撑的，包括智能匹配技术、因特网技术、Web 开发技术、移动终端 APP 技术、数据库技术等，本书根据撮合对象的不同以及智能匹配模型处理方式的不同，将撮合技术分为企业间撮合技术（BAB）、企业和客户撮合技术（BAC）、企业和生产者撮合技术（BAP）及客户和生产者撮合技术（CAP）等 4 种。

四、匹配技术

匹配即在大量的选取对象中，综合比较各个对象的多方面因素，依据一定的准则选出其中最适合的两个对象。因此，匹配技术就是进行这种比较选取的技术。在农业领域，以信息获取为例，农民通过提交信息关键词，系统根据农民的需求及日常习惯等智能选择匹配模式，进行基础性、个性化或专业化的智能匹配，然后将匹配信息返回给农民。

匹配技术需要计算机技术、模型技术、因特网技术、Web 开发技术、移动终端 APP 技术、数据库技术等技术的支持。本书根据匹配对象的不同，将匹配技术分为基础关键信息匹配技术、个性化特色信息匹配技术和专业化精准信息匹配技术 3 种。不同的技术要求不同，所需要考虑到的匹配条件、匹配精度有所区别，导致匹配模型也会有很大的差异。

第四节　农业管理信息化技术体系构建

农业管理信息化是指应用现代信息和通信技术手段，将农业管理与信息技术等进行渗透和集成，实现对政府需要的和拥有的信息资源进行现代化开发和管理的过程[5]。农业管理信息化是农业全程信息化的重要组成部分，是助推现代农业发展的重要力量。

助力农业管理信息化发展的农业管理信息化技术体系（图 4.4）包括电子政务技术、农业监测预警技术和智能社区技术 3 类。电子政务技术包括政务信息发布技术、政务在线审批处理技术和政务信息反馈技术 3 种。农业监测预警技术包括信息监测技术、数据处理技术和分析预警技术 3 部分。信息监测技术可分为调查统计技术、移动终端采集技术和物联网技术 3 种，数据处理技术是对采集到的信息进行预处理，包括数据清洗技术、数据挖掘技术、数据关联技术、数据筛选技术和大数据处理技术等 5 种技术。分析预警技术则包含信息统计分析技术、云计算技术、模型组合技术和智能预警技术 4 种技术。智能社区技术包括网络传输技术、智能控制技术和传感器技术 3 种技术。

一、电子政务技术

电子政务，即运用现代信息技术手段，实现政府组织结构和工作流程的优化重组，建成一个在线的、精简且高效的政府运作模式，全方位地为社会提供规范、透明的政务管理和服务。我国的农业电子政务起步较晚，目前主要集中在农业政策发布、农业政务在线审批、农业政务信息在线服务等方面。

电子政务技术是由支撑电子政务运作的多种技术构成的，包括因特网技术、Web 开发技术、移动终端 APP 技术、数据库技术等，本书按信息的处理过程，将

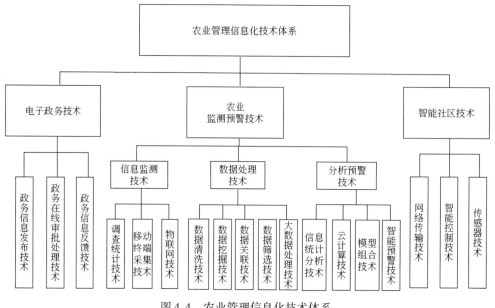

图 4.4　农业管理信息化技术体系

该技术分为政务信息发布技术、政务在线审批处理技术和政务信息反馈技术 3 种。政务信息发布技术，即通过合理的在线方式，及时有效发布农业全程相关信息的技术。政务在线审批技术，即支持农户在线申请，农业部门在线办公，从而提高农业部门工作效率的技术。政务信息反馈，即支撑及时向农户反馈政务信息、需求信息的技术。

二、农业监测预警技术

农业监测预警技术是对农业生产、消费、市场等农业过程与环境进行信息特征提取、信息变化观测及信息流向追踪等，并对未来农业运行态势进行分析与研判，以防范和化解农业风险。它包括信息监测技术、数据处理技术和分析预警技术 3 部分。

信息监测技术，即对农业全程各环节的信息进行采集、监测，包括自然类农业信息采集、生产类农业信息采集和社会经济类农业信息采集三部分。信息监测技术具体可分为调查统计技术、移动终端采集技术、物联网技术三部分。调查统计技术，即采用数据逐级申报、实际调研、线上及线下查询等方式，获取统计数据。移动终端采集技术，即采用移动设备等，在线填报、传输实时数据，也包括使用网络爬虫等手段在线采集信息。物联网技术在农业生产管理信息化技术体系中作出详细介绍，此处不做赘述。

数据处理技术是对采集到的信息进行预处理，包括数据清洗技术、数据挖掘技术、数据关联技术、数据筛选技术和大数据处理技术等 5 种技术。数据清洗技术，即发现并纠正数据文件中可识别的错误的技术，包括检查数据一致性，处理无效值和缺失值等。数据挖掘技术是指从大量的数据中通过算法搜索隐藏于其中信息的技术，通常通过统计、在线分析处理、情报检索、机器学习、专家系统和模式识别等诸多方法来实现。数据关联技术是发现存在于大量数据中的关联性或相关性的技术。数据筛选技术即制定数据选取标准，然后对大量数据进行对比分析，从而选择出适合标准数据的技术。大数据处理技术是适应大数据时代而产生的更加智能、有效的数据处理技术，在海量的数据中，通过智能模型等一系列相关手段，获取到有价值的信息。

三、智能社区技术

智能社区技术则是促进家庭农场、现代化养殖场等社区智能化发展的相关技术集合，包括网络传输技术、智能控制技术和传感器技术 3 种技术。网络传输是指用一系列的线路经过电路的调整变化依据网络传输协议来进行通信的过程，与之相关的技术较多，包括有线传输、无线传输等。智能控制技术及传感器技术在农业生产信息化技术体系中作出详细介绍，此处不作赘述。

第五节　农业服务信息化技术体系构建

农业服务信息化是利用现代信息技术及网络手段为农业产前、产中、产后各环节提供信息化支持的过程，其主要特征是提供在线信息服务。

助力农业服务信息化的农业服务信息化技术体系（图 4.5）由信息发布技术、信息推送技术和农业云服务技术 3 大类构成。信息发布技术包括专业网站发布技术、特定 APP 发布技术和社交平台发布技术 3 种。信息推送技术由基于内容的信息推荐技术、基于协同过滤的信息推荐技术、基于关联规则的信息推荐技术和其他信息推荐技术 4 部分构成。农业云服务技术包括农业云存储服务技术、农业云计算服务技术、农业云咨询服务技术和云服务信息人机交换技术等 4 种技术。

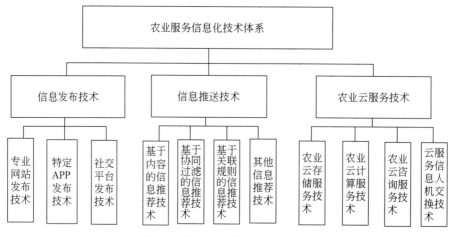

图 4.5　农业服务信息化技术体系

一、信息发布技术

信息发布技术是通过适当途径，主要是采取 Web、客户端发布的方式，及时、准确发布农业相关信息。随着社会的不断进步，人民生活水平的不断提高，务农人员对信息的需求层次提高、对信息的依赖程度加强。信息发布技术旨在以更全面、更方便的方式将农业全程相关信息展示给信息的需求者。根据信息发布平台的不同，可将信息发布技术分为专业网站发布技术、特定 APP 发布技术和社交平台发布技术 3 种。专业网站发布技术，即通过专业性较强的专题类网站进行农业信息发布的技术，需要 Web 开发技术、数据库技术等一系列的技术来支撑。特定 APP 发布技术，即采用移动端应用程序进行信息发布。社交平台发布技术，即采用社交平台，如 QQ、微信、论坛等平台进行信息发布，既可采取网站方式也可采取 APP 方式，两者均需要较多底层技术的支撑。

二、信息推送技术

农业信息推送是以农业信息分析的全过程中所产生的各种信息资源为基础，以用户的信息需求为导向，利用信息技术智能的分析和确定用户对信息的客观实际需求，并通过适当的方式和方法来为用户提供高效、精准的信息服务。信息推送技术就是解决农业信息推送问题的一系列技术的集合。

按推送模式的不同可分为基于内容的信息推荐技术、基于协同过滤的信息推荐技术、基于关联规则的信息推荐技术、其他信息推荐技术 4 种。基于内容的信息推荐技术是通过对待推荐信息内容的分析，根据信息内容之间的相似度进行推荐。基于协同过滤的信息推荐技术是综合考虑其他用户对信息资源的评价来形成符合用户需求的信息资源推荐。基于关联规则的信息推荐技术，即通过对所有用户数据进行挖掘，得出信息资源间的关联规则并建立推荐模型，然后根据推荐模型为特定用户生成信息推荐。其他信息推荐技术包括基于知识的信息推荐技术和基于效用的信息推荐技术两种。

三、农业云服务技术

农业云服务技术是目前农业服务技术的趋势，结合云计算等相关技术，为用户提供高效的服务，包括农业云存储服务技术、农业云计算服务技术、农业云咨询服务技术和云服务信息人机交换技术等 4 种技术。农业云存储服务技术是指通过集群应用、网络技术或分布式文件系统等功能，将网络中大量的不同类型的存储设备通过应用软件集合起来协同工作，共同对外提供数据存储和业务访问功能的技术[6,7]。农业云计算服务技术，即将计算分布在大量的分布式计算机上，而非本地的计算机或远程服务器，用户可按需访问计算机和存储系统。农业云咨询服务技术，即将在线咨询技术与"云"这一概念结合，从而实现咨询方式、咨询模式的创新。云服务信息人机交换技术，即云模式下的人机传递、交换信息的一种技术，是人机交互模式在云时代的创新。

本章参考文献

[1] 翟淑君. 工业化、信息化、城镇化、农业现代化的相互关系（2013）. http：//theory. people. com. cn/n/2013/0715/c40531-22204737. html［2013-07-15］.

[2] 余欣荣. 关于发展农业物联网的几点认识. 中国科学院院刊，2013，6：679-685.

[3] 张建华，赵璞，刘佳佳，等. 物联网在奶牛养殖中的应用及展望. 农业展望，2014，10：51-56.

[4] 张晓焱，苏学素，焦必宁，等. 农产品产地溯源技术研究进展. 食品科学，2010，3：271-278.

[5] 闫东浩. 浅析我国农业管理信息化的发展. 中国信息界，2012，4：9-11.

[6] 丁滟，王怀民，史佩昌，等. 可信云服务. 计算机学报，2015，1：133-149.

[7] 龚海，钱大雁，陈国强，等. 基于云存储技术的区域 PACS 初探. 中国医疗设备，2013，11：70-72.

第五章　农业全程信息化建设水平测度

研究农业全程信息化建设问题，建立科学的信息化评价指标体系，应用合理的模型方法定量分析我国农业全程信息化建设水平，对于促进我国农业全程信息化健康发展具有重要意义。

第一节　农业信息化测评方法研究综述

农业信息化发展水平是衡量一个国家农业现代化的重要标准，对农业信息化测评方法的研究也走过了多年的历程。综合考虑国内外主流学者对农业信息化测评的研究，常用的方法列举如下。

一、国外农业信息化测评方法

在农业信息化建设方面，西方发达国家发展较早，同样，其农业信息化测评方法也起步较早，其中，具有代表性的农业信息化测评方法有马克卢普法、波拉特法、社会信息化指数法、信息社会指标法、信息利用潜力指数模型法等。

1. 马克卢普法

马克卢普法是最早研究信息化水平测度的方法。1962 年，马克卢普发表了"The Production and Distribution of Knowledge in the United States"，首次提出"知识产业"的概念，提出知识产业的一般范畴和分类模式，并在此基础上从信息产业的角度提出马克卢普信息经济测度范式——美国知识生产与测度的测度体系，根据信息产业在国民生产总值中的比重、信息部门就业人数的比例、信息部门的收入占国民总收入的比重等，间接描述了信息资源的贡献，提出一套测算信息经济规模的方法理论[1]。

马克卢普法的计算公式为：$GNP = C + I + G + (X - M)$。$C$——消费者对最终产品和服务的消费量，$I$——企业对最终产品和服务的消耗量，$X$——产品和服务的国外销售量，$M$——产品和服务从国外的购买量，来表示独立的商品化信息部门的GNP值。

马克卢普法对于信息化水平测度具有重要的意义，但其仍然有以下几个方面的问题：一是对于知识产业的定义比较宽泛，二是许多与信息产业相关的社会活动未被列入计算范畴。

2. 波拉特法

波拉特法产生于1977年，其是在马克卢普理论的基础上形成的信息经济测度理论及方法体系，主要用于评价国家和地区的信息化水平。

波拉特将国民经济分为农业、服务业、工业和信息业4大产业，将信息从经济活动中分离出来，并从美国422种职业中归纳总结出5大信息劳动者：信息处理工作者、信息机械操作者、市场调查和管理人员、知识分配者、知识生产和发明者[2]。

该测度方法确定了3个衡量指标：信息部门就业者收入占国民收入的比例、信息部门就业人数占总就业人数的比例、信息活动产值占GNP或GDP的比重。波拉特法将信息部门划分为一级信息部门和二级信息部门。其中，一级信息部门主要指的是向市场提供信息产品和信息服务的企业，用最终增值法和需求法测算产值；二级信息部门主要指的是为内部消费而创造信息服务的政府或非信息企业，由信息资本的折扣和信息劳动者的收入测算产值。通过分别计算这两级信息部门对国民经济的贡献，建立波拉特测算体系[3]。

波拉特从信息化对国民经济的贡献来衡量国家的信息化水平，对于衡量信息经济的贡献具有重要的意义，但其算法也存在很多问题。一是未能体现以计算机技术和现代通信技术为代表的高新技术在信息产业中的价值；二是由于不同国家和地区的数据来源、统计制度等存在差异，需要进行大量的估算，难以准确地描绘社会信息化的发展水平。

3. 社会信息化指数法

社会信息化指数法由日本经济学家小松崎清介于 1965 年首次提出，通过建立一系列指标体系，并将指标体系中的数据与基准年进行对比，进而测算出信息化指数。

社会信息化指数法的指标体系包括信息量、信息装备率、通信主体水平、信息系数等 4 个一级指标，其中，信息量主要包括每平方公里人口数、每万人书籍销售网点数、每百人报纸期刊数、人均年通话次数、人均年使用函件数 5 个二级指标，信息装备率主要包括每万人计算机台数、电视机普及率、电话普及率 3 个二级指标，通信主体水平包括每百人在校大学生数、第三产业就业人口所占比例 2 个二级指标，信息系数主要指个人消费中除衣食住外杂费所占比例（表 5.1）。

表 5.1 社会信息化指数法对应的指标体系

指标项目	指标名称
信息量	人均年使用函件数
	人均年通话次数
	每百人报纸期刊数
	每万人书籍销售网点数
	每平方公里人口数
信息装备率	电话普及率
	电视机普及率
	每万人计算机台数
通信主体水平	第三产业就业人口所占比例
	每百人在校大学生数
信息系数	个人消费中除衣食住外杂费所占比例

根据上述指标，社会信息化指数计算方法一般有两种：一步算术平均法和两步算术平均法。将基准年数值设为 100，一步算术平均法假定 11 项指标的贡献是等价的，将测试年度的指标除以基准年，再直接平均即得到社会信息化指数；两步算术平均法是假定 4 项一级指标对社会信息化指数的贡献是等价的，通过计算一级指标的数值，从而求出社会信息化指数。

社会信息化指数法弥补了波拉特法的很多缺陷，数据也较容易获得，具有更强的实用性和操作性，但也有其自身的弱点。第一，不能全面地构建指标体系。社会信息化指数仅选择邮电、广播、电视、新闻出版等几个方面，共 4 个一级指标、11个二级指标，不能全面反映整个信息化的水平。第二，计算方法过于简单。对于一级指标和二级指标，用算术平均法求社会信息化指数，没有根据不同情况对指标进行区分、加权计算，计算结果难以让人信服。

4. 信息社会指标法

信息社会指标法（information society index，ISI），是 1997 年国际数据公司（IDC）和世界周刊全球研究部在"97 全球知识发展大会"上提出的，用来比较和测度各国吸收、获取和有效利用信息技术能力的一种方法，其主要指标如表 5.2所示。

社会基础结构，包括公民自由程度、新闻自由程度、阅读报纸人数、在学小学生人数、在学中学生人数。

信息基础结构，包括有线电视及卫星电视覆盖率、人均移动电话拥有数、人均传真机拥有数、人均电视机拥有数、人均收音机拥有数、电话故障数/电话线数、电话家庭普及率。

计算机基础结构，包括人均互联网主机数、互联网服务提供者总数、用于软件支出/用于硬件的支出、联网 PC 机所占百分比、用于教育的 PC 机/学生和教员人数、用于政府和商业的 PC 机/非农业劳动人数、家庭 PC 机普及率、人均 PC 机拥有数[4]。

表 5.2　信息社会指标法构建的分类指标体系

项目	指标名称	指标代号
社会基础结构	在学中学生数	S1
	在学小学生人数	S2
	阅读报纸人数	S3
	新闻自由程度	S4
	公民自由程度	S5

续表

项目	指标名称	指标代号
信息基础结构	电话家庭普及率	I1
	电话故障数/电话线数	I2
	人均收音机拥有数	I3
	人均电视机拥有数	I4
	人均传真机拥有数	I5
	人均移动电话拥有数	I6
	有线电视及卫星电视覆盖率	I7
计算机基础结构	人均 PC 机拥有数	C1
	家庭 PC 机普及率	C2
	用于政府和商业的 PC 机/非农业劳动人数	C3
	用于教育的 PC 机/学生和教员人数	C4
	联网 PC 机所占百分比	C5
	用于软件支出/用于硬件的支出	C6
	互联网服务提供者总数	C7
	人均互联网主机数	C8

5. 信息利用潜力指数模型法

信息利用潜力指数模型法（information utilization potential，IUP）是 1982 年由美国学者 H. Borko 和法国学者 M. J. Menou 提出的一种信息测度方法，是一个多变量、多层次、多环节的信息评估模型，反映了一个国家的信息基础结构和信息利用潜在能力。信息利用潜力指数模型法共包括各种变量 230 个，其中，27%的变量反映了国家的基本条件，20%的变量反映了信息的需求和使用，53%的变量反映了信息资源和活动。

二、我国农业信息化测评方法

我国农业信息化测评工作起步较晚，但发展较快。在国外学者研究的基础上，我国学者探索出了适合我国国情的农业信息化测评方法。具体来看，代表性的方法主要有以下几个。

1. 国家信息化指标体系

2001 年 7 月，国家信息产业部推出《国家信息化指标构成方案》[5]，成为"中国新的现代化标准"，是第一个由国家制定的信息化标准。

该方案涉及 20 个指标，包括每千人广播电视播出时间、人均带宽拥有量、人均电话通话次数、长途光缆长度、微波占有信道数、卫星站点数、每百人拥有电话主线数、每千人有线电视用户数、每百万人互联网用户数、每千人拥有计算机数、每百户拥有电视机数、网络资源数据库总容量、电子商务交易额、企业信息技术类固定投资占同期固定资产投资的比例、信息产业基础设施建设投资占全国基础设施建设投资比例、每千人中大学毕业生比例、信息指数等，覆盖了农业信息化的方方面面。

2. 层次分析法

20 世纪 70 年代初，美国运筹学家萨蒂提出一种层次权重决策分析方法——层次分析法（analytic hierarchy process，AHP），其计算步骤如下[6]。

1）建立递阶层次结构

把复杂问题分解为各组成部分，按照其不同属性分成各个组，形成不同的层次。下一层次元素受上一层次元素支配，同时又对下一层次元素有支配作用，从而形成递阶层次结构。

2）构造两两比较判断矩阵

建立递阶层次结构，确定各个元素关系之后，对同属一层元素的下一层元素进行两两比较，按照重要性对其赋予相应的权重，并构造两两比较矩阵。假定上一层次元素 C_m 对下一层次元素 A_1，A_2，…，A_n 有支配关系，只需求出在 C_m 支配下 A_1，A_2，…，A_n 占的不同权重。构造权重的方法是专家判断法，根据专家判断，把两两元素对比划分为"同等重要"、"稍微重要"、"明显重要"、"强烈重要"和"极端重要"等几个级别，比较的结果一般取 1/9，1/8，1/7，…，7，8，9，其对应含义如表 5.3 所示。

表5.3 两两比较判断矩阵对应的关系

数值	含义
1	两个元素同等重要
3	一个比另一个稍微重要
5	一个比另一个明显重要
7	一个比另一个强烈重要
9	一个比另一个极端重要
2, 4, 6, 8	介于上述判断之间

3）计算相对权重

对于A_1，A_2，$\cdots$，A_n，通过两两比较得到判断矩阵后，解特征根问题$Aw = \lambda_{\max} w$，将w正规化后就得到C_m下A_1，A_2，$\cdots$，A_n的权重，$\lambda_{\max}$存在且唯一，w由正分量组成，只是相差一定倍数。

引入一致性指标：

$$CI = \frac{\lambda_{\max} - n}{n - 1}$$

通过查表获得平均随机一致性指针RI，从而求得随机一致性比率：

$$CR = \frac{CI}{RI}$$

当$CR < 0.1$时，即认为判断矩阵的一致性是可以接受的，当$CR > 0.1$时，认为判断矩阵的一致性是不可以接受的，应该调整判断矩阵，使其满足一致性检验。

4）计算组合权重

假设上一层次为C_1，C_2，$\cdots$，C_m，组合权重分别为t_{c1}，t_{c2}，t_{c3}，$\cdots$，t_{cm}，下一层次为D_1，D_2，$\cdots$，D_n，其对于上一层次某个元素C_j的单因素权重为b_{1j}，b_{2j}，b_{3j}，$\cdots$，b_{nj}，D层次合成权重向量为$d = (d_1, d_2, d_3, \cdots, d_n)^{\mathrm{T}}$的计算公式为

$$d = B \cdot C$$

其中，

$$B = (B_{ij})_{n \times m}$$

即

$$d_k = \sum_{j=1}^{m} b_{kj} t_{cj}, \quad k = 1, 2, 3, \cdots, n$$

通过上述公式，可计算出各个因子相对于最高指标的权重，从而测算出所求的

数值。

第二节　全程信息化建设指标体系构建

构建指标体系是农业全程信息化建设水平测度的基础，是科学、合理测度农业信息化水平的保障。遵循科学、全面、可操作性的原则，构建我国农业全程信息化指标体系，对于推进我国农业信息化发展水平评价工作具有重要的现实意义。

一、指标体系构建原则

农业全程信息化建设涉及农业生产、流通、管理和服务等各个环节，是一项复杂的系统工程。因此，构建农业全程信息化建设指标体系，需要遵循以下原则：

全面性原则。农业全程信息化是指农业全要素、全系统、全过程的信息化，包括农业生产流通的所有主体和客体，因此构建指标体系要全面考量所有农业信息化相关的人和物。

科学性原则。指标体系的构建必须以科学性为基础，能够客观真实地反映信息化发展水平。

可操作性原则。农业全程信息化的测度必须以可获得性数据为基础，因此，在构建指标体系时，要充分考虑我国农业数据的特点，选择真实可行的指标数据进行测算。

二、指标体系构建

在科学性、全面性、可操作性原则的基础上，选择农业信息环境、农业信息产业、农业信息基础条件、农业信息人才、农业信息化发展潜力，共 5 个一级指标 22 个二级指标进行农业全程信息化建设水平测度（表 5.4）。

农业信息环境方面包括 3 个二级指标：农业总产值 C1、农村居民家庭人均纯收入 C2、电信业务总量 C3。

农业信息产业方面包括 2 个二级指标：农业电子商务交易额 C4、农业信息咨询服务业产值 C5。

农业信息基础条件方面包括 11 个二级指标：每百户农村住户拥有固定电话数

量 C6、每百户农村住户拥有移动电话数量 C7、每百户农村住户拥有电视数量 C8、每百户农村住户拥有计算机数量 C9、公共图书馆总藏量 C10、广播节目综合人口覆盖率 C11、电视节目综合人口覆盖率 C12、农村宽带接入用户 C13、农业信息网站数量 C14、涉农数据库数量 C15、物联网终端用户数量 C16。

农业信息人才方面包括 2 个二级指标：农村住户大专及以上学历劳动力数量 C17、农业信息化从业人员数量 C18。

农业信息化发展潜力方面包括 4 个二级指标：农业重要科技成果数量 C19、农业科技成果转化率 C20、农业新增固定资产总额 C21、财务支援农业的支出 C22。

表 5.4　基于层次分析法构建的我国农业信息化指标体系

一级指标	二级指标	序号	单位
农业信息环境	农业总产值	C1	万亿元
	农村居民家庭人均纯收入	C2	元
	电信业务总量	C3	万元
农业信息产业	农业电子商务交易额	C4	亿元
	农业信息咨询服务业产值	C5	亿元
农业信息基础条件	每百户农村住户拥有固定电话数量	C6	台
	每百户农村住户拥有移动电话数量	C7	台
	每百户农村住户拥有电视数量	C8	台
	每百户农村住户拥有计算机数量	C9	台
	公共图书馆总藏量	C10	万册
	广播节目综合人口覆盖率	C11	%
	电视节目综合人口覆盖率	C12	%
	农村宽带接入用户	C13	人
	农业信息网站数量	C14	个
	涉农数据库数量	C15	个
	物联网终端用户数量	C16	万人
农业信息人才	农村住户大专及以上学历劳动力数量	C17	人
	农业信息化从业人员数量	C18	人
农业信息化发展潜力	农业重要科技成果数量	C19	个
	农业科技成果转化率	C20	%
	农业新增固定资产总额	C21	万元
	财务支援农业的支出	C22	亿元

三、指标详细解释

指标详细解释和数据来源如下。

1. 农业总产值

农业总产值，反映一定时期内农林牧渔业生产总成果和总规模，是指以货币表现的全部产品的总量。

单位：亿元。

数据来源：国家统计局。

2. 农村居民家庭人均纯收入

农村居民家庭人均纯收入，又称农民人均纯收入，包括工资性收入、经营性收入、财产性收入、转移性收入等。

单位：元。

数据来源：国家统计局。

3. 电信业务总量

电信业务总量，是指各类电信服务的总数量，主要是指以货币形式表示的电信企业为社会提供的服务。

单位：亿元。

数据来源：国家统计局。

4. 农业电子商务交易额

农业电子商务交易额指的是通过电子商务进行交易的农产品交易额，包括通过计算机网络进行的农业生产资料和农产品交易活动（包括企业对企业、企业对个人、企业对政府等交易）的成交额。

单位：亿元。

数据来源：行业报告。

5. 农业信息咨询服务业产值

农业信息咨询服务业产值是指从事农业信息咨询服务行业所创造的总产值。

单位：亿元

数据来源：行业报告。

6. 每百户农村住户拥有固定电话数量

每百户农村住户拥有固定电话数量，反映农村的固定通信网络水平，是指每百户农村家庭平均拥有的固定电话数量。

单位：台。

数据来源：国家统计局。

7. 每百户农村住户拥有移动电话数量

每百户农村住户拥有移动电话数量，指每百户农村家庭平均拥有的移动电话（包括小灵通等本地号码、停机未销号及本地号码长期外地漫游等）数量。

单位：部。

数据来源：国家统计局。

8. 每百户农村住户拥有电视数量

每百户农村住户拥有电视数量指每百户农村家庭平均拥有的电视机数量，包括彩色电视机和黑白电视机。

单位：台。

数据来源：国家统计局。

9. 每百户农村住户拥有计算机数量

每百户农村住户拥有计算机数量，主要指的是每百户农村家庭平均拥有的计算机数量。此处计算机是指由显示器、中央处理器、存储器、键盘输入设备等主要部件组成的家用电子计算机，包括台式计算机和便携式计算机。不包括学习机、掌上计算机，不包括单位或集体拥有的计算机。

单位：台。

数据来源：国家统计局。

10. 公共图书馆总藏量

公共图书馆总藏量是指由国家中央或地方政府管理、资助和支持的、免费为社会公众服务的图书馆所收藏的纸质和电子文献的总和。

单位：万册。

数据来源：国家统计局。

11. 广播节目综合人口覆盖率

广播节目综合人口覆盖率指根据原国家广电总局制定的《广播电视人口覆盖率统计技术标准和方法》进行统计调查的，在对象区内能接收到由中央、省、地市或县通过无线、有线或卫星等各种技术方式转播的各级广播节目的人口数占全国总人口数的百分比。

单位：%。

数据来源：国家统计局。

12. 电视节目综合人口覆盖率

电视节目综合人口覆盖率指根据原国家广电总局制定的《广播电视人口覆盖率统计技术标准和方法》进行统计调查的，在对象区内能接收到由中央、省、地市或县通过无线、有线或卫星等各种技术方式转播的各级电视节目的人口数占全国总人口数的百分比。

单位：%。

数据来源：国家统计局。

13. 农村宽带接入用户

农村宽带接入用户是指农村家庭接入宽带的总户数。

单位：万户。

数据来源：国家统计局。

14. 农业信息网站数量

农业信息网站数量是指专业发布农业生产、流通、加工、政策等信息的网站数量。

单位：个。

数据来源：行业报告。

15. 涉农数据库数量

涉农数据库数量是指数据库中与农业相关的数据库的总量。

单位：个。

数据来源：行业报告。

16. 物联网终端用户数量

物联网终端用户数量是指使用物联网终端设备的用户数量。

单位：万人。

数据来源：中国农村互联网发展状况调查报告。

17. 农村住户大专及以上学历劳动力数量

农村住户大专及以上劳动力数量是指农村住户中从事农业生产中具有大专及以上学历的劳动力数量。

单位：万人。

数据来源：中国农村统计年鉴。

18. 农业信息化从业人员数量

农业信息化从业人员包括乡（镇）信息服务站、行政村信息服务点工作人员。此处的农业信息从业人员含农技推广人员、科技特派员等各部委的信息员。信息服务涵盖信息的采集、加工、发布以及信息技术培训等。

单位：万人。

数据来源：行业报告。

19. 农业重要科技成果数量

农业重要科技成果数量是指在农业生产、加工、消费等领域取得重大突破的科技成果数量。

单位：个。

数据来源：行业报告。

20. 农业科技成果转化率

农业科技成果转化率是研究农业科技成果转化的重要指标，是指为提高农业生产力水平而对农业科学研究与技术开发所产生的具有实用价值的科技成果所进行的后续试验、开发、应用、推广直至形成新产品、新工艺、新材料，发展新产业等活动占科技成果总量的比值。

单位:%。

数据来源：通过测算得出。

21. 农业新增固定资产总额

农业新增固定资产是指与上一年相比，本年度新增的农业固定资产，包括使用期限超过 1 年的房屋、建筑物、机器、机械、运输工具以及其他与生产、经营相关的设备、器具、工具等。

单位：亿元。

数据来源：中国农村统计年鉴。

22. 财务支援农业的支出

财政支援农业支出是指各级财政支援农业资金的总和，包括对农业企业和事业单位的事业费、基本建设支出、科技三项费用等；支援农村发展生产的资金包括小型农田水利和水土保持补助费、农村农技推广和植保补助费、支援农村生产组织资金、农村造林和林木保护补助费、农村草场和畜禽保护补助费、农村水产养殖补助费等。

单位：亿元。

数据来源：中国农村统计年鉴。

第三节　数据来源

为了对我国农业信息化水平进行准确测度，在利用统计局数据及相关年鉴数据的基础上，进行了多次调研，获得了大量的调研数据，部分数据如表5.5所示。

表5.5 农业信息化水平测度部分数据

项目	年份									
	2004	2005	2006	2007	2008	2009	2010	2011	2012	2013
农业总产值/亿元	36 238.99	39 450.89	40 810.83	48 892.96	58 002.21	60 361.01	69 319.76	81 303.92	89 453.05	96 995.27
农村居民家庭人均纯收入/元	2 936.4	3 254.9	3 587	4 140.4	4 760.6	5 153.2	5 919	6 977.3	7 916.6	
电信业务总量/亿元	9 148	11 403.02	14 595.4	18 591.3	22 247.7	25 553.6	29 993.18	11 725.78	12 982.44	15 707.15
农村居民家庭平均每百户固定电话拥有量/部	54.5	58.4	64.1	68.4	67	62.7	60.8	43.1	42.2	
农村居民家庭平均每百户移动电话拥有量/部	34.7	50.2	62.1	77.8	96.1	115.2	136.5	179.7	197.8	
农村居民家庭平均每百户电视机拥有量/台	113	105.9	106.8	106.5	109.1	116.6	118.2	117.2	118.3	
农村居民家庭平均每百户计算机拥有量/台	1.9	2.1	2.7	3.7	5.4	7.5	10.4	18	21.4	
公共图书馆总藏量/万册	46 152	48 055	50 024	52 053	55 064	58 521	61 726	69 719	78 852	74 896
广播节目综合人口覆盖率/%	94.1	94.5	95	95.4	96	96.3	96.8	97.1	97.5	97.8
电视节目综合人口覆盖率/%	95.3	95.8	96.2	96.6	97	97.2	97.6	97.8	98.2	98.4
农村宽带接入用户/万户							2 475.7	3 308.8	4 075.9	4 737.27

第四节　农业全程信息化测度方法及结果

在借鉴国内外比较成熟的农业信息化评价指标体系和《国家信息化指标构成方案》基础上，利用层次分析法[7]构建我国全程农业信息化发展水平评价三层指标体系。具体包括目标层、指标层和因子层，目标层是农业全程信息化综合发展水平评价，指标层是指目标层下的多个指标，包括农业信息环境、农业信息产业、农业信息基础条件、农业信息人才、农业信息化发展潜力，因子层是5个指标层下的22个评价因子（表5.6）。

表 5.6　基于层次分析法的我国农业信息化指标权重计算结果

指标层	指标层权重	因子层	因子层权重
农业信息环境 B1	0.1402	农业总产值 C1	0.2661
		农村居民家庭人均纯收入 C2	0.4108
		电信业务总量 C3	0.3231
农业信息产业 B2	0.2456	农业电子商务交易额 C4	0.3974
		农业信息咨询服务业产值 C5	0.6026
农业信息基础条件 B3	0.0883	每百户农村住户拥有固定电话数量 C6	0.0571
		每百户农村住户拥有移动电话数量 C7	0.1039
		每百户农村住户拥有电视数量 C8	0.0925
		每百户农村住户拥有计算机数量 C9	0.1084
		公共图书馆总藏量 C10	0.0736
		广播节目综合人口覆盖率 C11	0.0451
		电视节目综合人口覆盖率 C12	0.1142
		农村宽带接入用户 C13	0.1317
		农业信息网站数量 C14	0.1168
		涉农数据库数量 C15	0.0826
		物联网终端用户数量 C16	0.0741
农业信息人才 B4	0.3675	农村住户大专及以上学历劳动力数量 C17	0.3012
		农业信息化从业人员数量 C18	0.6897
农业信息化发展潜力 B5	0.1584	农业重要科技成果数量 C19	0.3451
		农业科技成果转化率 C20	0.2418
		农业新增固定资产总额 C21	0.1257
		财务支援农业的支出 C22	0.2874

根据指标体系设计，构建我国农业全程信息化发展水平评价模型如下：

$$\text{CAID} = \sum_{i=1}^{m} W_i \left[\sum_{j=1}^{n} W_{ij} \times A_{ij} \right]$$

式中，CAID 是指我国农业全程信息化综合发展水平，是目标层；m 为农业全程信息化发展水平评价指标体系一级指标个数；W_i 为第 i 个一级指标的权重；n 为第 i 个一级指标的二级指标个数；W_{ij} 为第 i 个一级指标中第 j 个二级指标权重；A_{ij} 为第 i 个一级指标中第 j 个二级指标无量纲化后的值。

利用《中国统计年鉴》、《中国农村统计年鉴》和中国互联网络信息中心报告等数据，对原始数据进行 Z 标准化的无量纲处理。处理后，根据公式 $T = 10Z + 50$ 计算 T 分数，然后在每项具体指标的 T 分数基础上，按照农业全程信息化发展水平的综合评价模型对农业信息化水平进行加权计算，得出我国农业信息化水平不同年份的评价结果，如表 5.7 及图 5.1 所示。

表 5.7　我国农业全程信息化发展水平评价结果

年份	农业信息环境	农业信息产业	农业信息基础条件	农业信息人才	农业信息化发展潜力	农业全程信息化综合发展水平评价
2004	39.93	40.32	40.51	39.02	40.09	39.77
2005	41.88	41.43	42.30	41.28	42.12	41.63
2006	44.37	43.49	44.14	43.21	45.90	43.95
2007	47.92	46.82	46.08	44.40	48.51	46.29
2008	51.50	48.75	48.34	46.73	47.47	48.15
2009	54.34	50.96	50.67	49.94	53.27	51.40
2010	55.16	52.52	54.44	53.57	52.23	53.96
2011	56.14	55.95	57.73	58.44	58.50	57.17
2012	57.61	60.97	61.98	61.71	61.26	60.90
2013	61.73	68.96	65.22	68.24	66.41	66.94

由图 5.1 可以看出，通过构建我国农业全程信息化发展水平评价模型运行结果，我国农业信息环境、农业信息产业、农业信息基础条件、农业信息人才和农业信息化发展潜力都呈现出快速发展态势，从 2004 年的 40 左右，提升至 2013 年的 60 以上的水平。受某些年份农业重要科技成果数量波动变化影响，农业全程信息化发展潜力出现小幅波动。

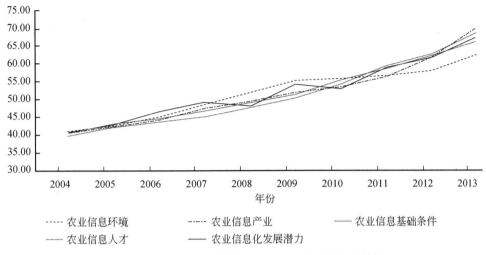

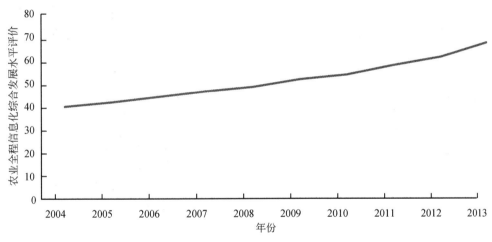

图 5.1　我国农业全程信息化发展水平分指标评价结果

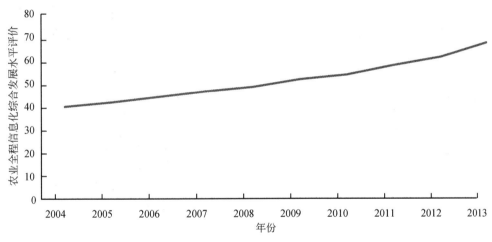

图 5.2　我国农业全程信息化发展水平评价结果

由图 5.2 可以看出，2004～2013 年，我国农业全程信息化发展水平呈现快速提升过程，从 2004 年的 39.77 上升至 2013 年的 66.94。

本章参考文献

［1］刘文云，葛敬民 . 国内外信息化水平测度理论研究比较 . 情报理论与实践，2004，2：144-147.

［2］靖继鹏，马哲明 . 信息经济测度方法分析与评价 . 情报科学，2003，8.

［3］郑建明，王育红 . 信息测度方法模型分析 . 情报学报，2000，6：546-552.

［4］刘世洪 . 中国农村信息化测评理论与方法研究 . 中国农业科学院，2008.

［5］俞立平．国家信息化指标体系修正研究．情报杂志，2005，12：22-24.

［6］王元放，俞晓安，薛阳，等．基于层次分析法的信息化项目评估模型．计算机工程，2007，8：68-70.

［7］王淑婧．2001～2012 年山东省农业信息化发展水平评价．南方农业学报，2014，45（8）：1519-1522.

第六章　物联牧场研究

物联牧场是指将物联网技术应用在畜牧业的生产、经营、管理和服务中，运用养殖环境监测传感器、生理体征监测传感器、音频信息采集传感器、视频信息采集传感器等感知设备，采集牧场中畜禽生长环境信息、个体体征信息等，通过无线传感网络、移动通信网络和互联网等现代信息传输手段，将获取到的大量牧场信息进行融合、处理，最后通过智能化的操作终端，实现牧场产前、产中、产后的过程监控、科学决策和实时服务，达到牧场的"人、机、物"一体化互联，进而实现畜牧养殖的高产、优质、高效、生态、安全目标。

第一节　我国畜牧业的发展现状

作为农业的重要组成部分，畜牧业是农民就业增收的重要途径，是建设我国农业现代化的重要内容，是持续推动农业稳定发展的必然选择。国际上也把畜牧业发展水平作为衡量一个国家现代农业发展的重要标志，据统计，在欧美发达国家，畜牧业占农业的比例一般都高达70%~80%[1,2]。因此，大力促进畜牧业的发展，具有重要的意义。

我国是世界上畜牧业大国，自改革开放以来，随着科学技术的不断进步，国家政策的不断调整，国家投入的不断增加，以及畜牧养殖品种的优化，防疫卫生水平的提高，饲料科学技术的普及，我国畜牧业在养殖数量及养殖规模上均有了较大的变化。

从养殖数量来讲，存栏量大幅度上升。2012年，我国牛存栏量10 343.4万头，比 1980 年增加 3175.8 万头，增长 44.3%；猪存栏量 47 592.2 万头，比 1980 年增加 17 049.1 万头，增长 55.8%；羊存栏量 28 504.1 万头，比 1980 年增加 9773.0 万头，增长 52.2%（图 6.1）。

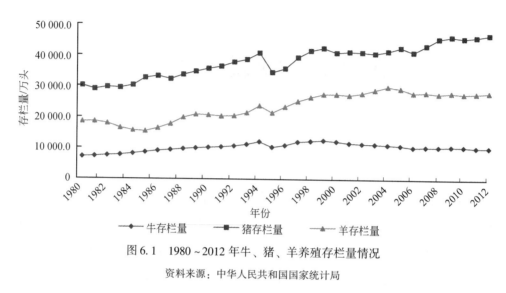

图 6.1　1980~2012 年牛、猪、羊养殖存栏量情况

资料来源：中华人民共和国国家统计局

从养殖规模来讲，规模场户比例不断增加。以肉牛、猪、羊为例，自 2003 年以来，养殖散户所占比例不断减少，规模养殖户比例不断增加，其中，尤以猪规模养殖情况变动最为明显。2003 年，年出栏 50 头以下养殖户占比达 71.60%，到 2012 年，其比例下降到 32.08%，下降了 39.52%，而年出栏规模达 500 头以上的养殖户由 2003 年的 10.60% 增加到 2012 年的 38%，增加了 27.94%（表 6.1）。相较而言，根据中国畜牧业年鉴资料显示，肉牛年出栏 10 头以下的养殖户占比由 2003 年的 68.50% 下降到 2012 年的 56.24%，下降了 12.26%。羊年出栏 30 头以下的养殖户占比由 2003 年的 56.60% 下降到 2012 年的 45.04%，下降了 11.56%。

表 6.1　猪规模养殖情况（%）

养殖规模	年份			
	2003	2006	2009	2012
年出栏 1~49 头	71.60	57.30	38.70	32.08
年出栏 50~500 头	17.80	28.00	29.60	29.53
年出栏 500~3000 头	5.50	8.20	17.70	21.00
年出栏 3000~10000 头	2.60	3.70	8.00	9.29
年出栏 10 000 头以上	2.50	2.80	6.00	8.10

资料来源：中国畜牧业年鉴

优良的畜牧养殖品种是现代化畜牧养殖的关键。近年来，我国畜禽优良品种比例稳定提高，国外优良品种持续引进，地方优良品种不断改良，建立了现代化的品种繁育和推广体系[3]。各地区结合当地实际情况，通过育种研究，繁育出适合当地特色、适合市场需求的特色品种，养殖品种逐步从土杂品种向优良品种转变。以猪为例，杜洛克和长白杂交模式以其体型优良、肉质鲜美、出肉率高、经济价值高得到养殖户和消费者的认可，为农民增收作出重要的贡献。

目前，我国畜牧养殖处在传统养殖方式向现代化养殖方式过渡的阶段。传统养殖方式是以农户为单位、规模小、品种多、人畜混居、混放混养的粗放型养殖方式[4]。从全国的角度看，我国的畜牧养殖方式仍然以传统养殖方式为主，就个别品种和个别地区看，养殖方式已经基本实现了现代化。畜牧养殖方式的变革主要体现在以下三个方面。在育种方面，人们已经不局限于传统的本交方式，人工授精技术逐步推广，对加快猪优良品种的推广、提高受胎率、延长种公猪的使用年限、防止疫病传播起到了积极的作用。在饲养方面，传统的粗放式养殖正逐步被科学合理的精细化饲养取代，精细化饲养根据畜禽不同的生理和生长阶段，采用不同的日粮配方，降低了畜禽饲养成本，提高了畜禽养殖经济效益。在管理方面，用现代化科学技术来管理和经营畜牧养殖各个过程，将信息技术应用于养殖的各个环节，通过使用物联网等信息技术和科技产品，人们能随时随地获取相关信息并进行日常管理，促进了畜牧养殖管理方式的飞跃式发展。

第二节　物联牧场的研究进展

信息通信技术（ICT）的发展使得对畜禽个体识别、畜禽养殖环境、畜禽体征、畜禽行为的实时监控成为可能。物联牧场的初级发展目标是提供一个可以实时监测和管理畜禽的系统，当畜禽发生各种各样的问题时，及时通知养殖户采取相应的措施，解决出现的问题。物联牧场进一步的发展目标是实现全自动的监测和改善畜禽的生长环境、健康状态、动物福利、产品产量以及减轻畜禽养殖对环境的影响。根据物联网的系统结构划分，物联牧场的研究可分为感知层、传输层和应用层研究。

在感知层，主要是研发不同类型的传感器感知畜禽个体标识、畜禽养殖环境参数、畜禽体型参数、畜禽生命体征和畜禽行为。畜禽个体标识主要是指 RFID 电子标签。畜禽养殖环境参数主要包括气象环境参数（如温湿度、风速、风向、降雨量、光照强度）和气体环境参数（如硫化氢、二氧化碳、氨气、甲烷、氧气、一氧化碳等）。畜禽体型参数主要是指体重、身体尺寸和体型得分等。畜禽生命体征主要包括体温、呼吸频率和瞳孔对光反射等。畜禽行为主要包括采食、饮水、排泄、叫声、步态和攻击行为等。

在数据传输层，采用无线通信技术（ZigBee）或无线公网（2G/3G/4G 网络）将感知层采集到的畜禽个体标识、畜禽养殖环境参数、畜禽体型参数、畜禽生命体征和畜禽行为等数据远程传输到服务器。对于监控视频等数据量比较大的数据则通过以太网传输到服务器。传输层的研究主要侧重无线传感网络技术在畜禽养殖中的推广应用。

在数据应用层，典型的应用包括通过开发手机 APP，实现对畜禽环境和畜禽各参数随时随地的监测，并远程对畜禽舍的设备（风扇、照明灯、水泵、加热器、电机和电磁阀等）进行远程控制。进一步研究的目标是实现畜禽舍环境的智能控制。研发自动与精确饲喂的设备，对畜禽养殖场积累的数据进行大数据分析，进一步平衡饲料、能源消耗和收入之间的矛盾，提升畜禽养殖效率，改善动物福利。

一、物联牧场感知层的研究进展

物联牧场感知层的研究主要包括畜禽个体标识、畜禽养殖环境参数、畜禽体型参数、畜禽生命体征和畜禽行为的感知方法的改进和拓展。

在畜禽个体标识方面，由于基于射频识别（RFID）技术的电子标签应用成本依然比较高，目前牧场仍然采用肉眼可识读的条码耳标。当前研究主要侧重于降低电子标签的成本，以及针对牧场实际环境，研发具备高鲁棒性（robust）、高稳定性和强抗干扰特性的识读设备。

在畜禽养殖环境参数的感知方面，主要是对畜禽生产中产生的有害气体，即氨气、硫化氢、一氧化碳和甲烷气体浓度的监测。畜禽业产生的有害气体是农业生产污染气体的主要来源。这些有害气体含量超标会导致畜禽产生各种应激反应，造成畜禽体质变弱，免疫力下降，严重影响畜禽健康、生长发育、繁殖以及最终畜禽产品质量。目前，主要是采用电化学传感器和光学传感器进行有害气体的在线监测。电化学传感器的分辨率比较低，长时间使用准确度会降低；使用寿命比较短，一般在两年左右。和电化学传感器相比，光学传感器的灵敏度和分辨率更高，工作更稳定，但是成本比较高。目前研究主要侧重于研发成本低、灵敏度高、分辨率高、响应范围大、稳定性好、使用寿命长的新型气体传感器。

在畜禽体型参数的感知方面，主要是对畜禽体重、身体尺寸（体长、体宽、体高、臀宽、臀高等）和体型得分等进行非接触性估测方法的研究。在畜禽养殖过程中，体重是一项重要指标。传统称量方式不但费时费力，而且称量过程容易造成畜禽的应激反应，影响正常生长发育。国内外相关学者都进行了非接触式估测畜禽体重的研究，主要方法是构建机器视觉系统，采集畜禽顶视图或侧视图；然后利用图像处理技术提取和体重相关的畜禽关键体型参数（如体长、体宽、体高、顶视图面积等）；最后对关键体型参数和体重进行线性或非线性的回归分析，构建测量体重的数学模型，实现对畜禽体重的非接触性估测。相关研究已经在奶牛[5]、猪[6]、肉鸡[7]、羊[8]等畜禽上开展。这种方法具有无接触，省时和省力的优点。但是由于构建机器视觉系统，要克服畜禽养殖环境粉尘，光照不均匀等客观条件的影响，工程量比较大；而且畜禽体重估测模型往往通用性不佳，目前还没有相关的非接触体重测量产品从实验室走向市场。近年来，能够提供深度图像的体感设备（Kinect 等）的出现，使得对畜禽进行三维立体信息获取的成本越来越低，利用体感设备采集畜禽体尺参数和体重估测的可行性研究也正在展开[9,10]，有望进一步提高畜禽体型参数的非接触性测量方法的精度和实用化程度。

在畜禽生命体征的感知方面，主要是通过非接触式的方法对畜禽体温、呼吸频率以及瞳孔对光反射进行测量。体温作为重要的临床诊断依据，对于畜禽疾病的早期诊断具有重要的意义。朱伟兴等[11]选定生猪耳部作为生猪体温筛选的特征区域，同时采集可见光图像和红外热图像，然后进行图像的配准和融合，准确提取生猪耳部轮廓进行体温测量，为生猪规模养殖中非接触式的体温测量提供了一种可行性方法。呼吸疾病是畜禽养殖场的一种常见疾病，如不能及时发现可能会造成巨大经济损失。对畜禽呼吸疾病的监测主要技术包括利用视频处理技术和声音特征提取技术。纪滨等[12]利用机器视觉的方法，提取猪的脊腹线轮廓，计算脊腹线起伏的频率，提取疑似呼吸急促的病猪，其算法脊腹线波动识别精度高于 85%。Ferrari 等[13]通过采集奶牛声音，根据早期呼吸疾病的声音特征，实现奶牛呼吸疾病的早期预警。瞳孔对光反射也是一种重要的生命体征，维生素 A 的严重缺乏会导致畜禽瞳孔对光反射的异常。Han 等[14]研发了牛眼图像采集设备，并提出了一种瞳孔自动识别算法，实现了对异常瞳孔反射行为的检测。

在畜禽行为的感知方面，主要是通过视频、运动传感器数据、声音等信息，判断畜禽采食、饮水、排泄、活动量、叫声、步态和攻击行为等。随着规模化养殖的发展，养殖户需要管理的畜禽越来越多，分配到单只畜禽的时间就越来越少，对畜禽异常行为的发现变得更加困难。畜禽的异常行为，如采食减少、饮水减少、排泄增多、活动量加大、嚎叫、跛足、攻击同类等，很可能是动物疫病发生、爆发的前奏，将会给畜牧养殖造成经济损失。各国学者致力于开发各种感知方法，替代养殖户完成对畜禽行为持续地观测，确保畜禽生产安全和畜禽产品品质。Aydin 等[15]通过对肉鸡啄食声音进行采集、处理和分析来估测采食量。单只肉鸡和鸡群的实验结果显示，该方法对采食量估测精度分别达到了 90% 和 86%，实现了对肉鸡采食量的全生长周期、全自动、非接触式的持续监测，允许养殖户在把握肉鸡采食状况的同时，制订合理的饲喂计划，进一步提高饲料转化率。Kashiha 等[16]首先通过给猪喷涂不同的图案，利用图像处理技术对猪进行个体识别，然后检测猪访问饮水区域的时长，估测饮水量，实现对猪饮水行为的实时监控。朱伟兴等[17]通过远程智能自动监控猪的排泄行为，记录猪访问排泄区的时间和次数。通过异常频繁的排泄行为，发现患腹泻或肠胃炎的疑似病猪，及时诊治，和人工观察的方法相比大大提高了生产效率。González 等[18]给牛戴上装有 GPS 和加速度传感器的电子项圈，实时采集牛的运动数据，进一步分析可以得到牛的当前状态，如饮食、反刍、行走、休息等，实现了对牛个体行为的自动实时监测。Vandermeulen 等[19]采集猪的叫声，提取猪受到惊吓导致的尖叫的声音特征，实现对猪精神状态的实时监控。提早发现畜禽的异常行为特征，实现对疾病的及早诊断与处理。畜禽行为的自动感知对提高动物福利，减少畜禽疫病发生，实现高效健康养殖具有重要意义。

二、物联牧场传输层的研究进展

传输层的研究主要是将传输技术应用到畜禽养殖环境中，将感知层获得的养殖环境数据、个体行为数据、视频、生产过程数据等通过有线或无线网络传输到应用层。由于基于 RS-485 总线、CAN 总线以及以太网的有线传输技术和基于 GPRS 技术的无线数据传输模块都已经很成熟。当前，物联牧场传输层的研究重点是无线传感网络技术在畜禽养殖中的应用。

林惠强等[20]进行了无线传感网络技术应用到动物监测领域的探索，构建基于无线传感网络的动物监测平台，提出饲养场无线传感网络部署方法、无线传感器集成节点的设计、动物的定位跟踪和路由算法以及可视化预警平台的构想。该研究为解决畜禽个体行为特征和健康状况无法实时获取的问题提供了一种解决方案，为无线传感网络在畜牧业中的应用提供了参考。尹令等[21]设计了基于无线传感器网络的奶牛行为特征监测系统，通过在奶牛颈部安装无线传感器节点获取奶牛的体温、脉搏、呼吸频率和运动行为特征等参数，建立动物行为监测系统，利用 K-均值聚类算法能准确区分奶牛静止、慢走、爬跨、快走等行为特征，从而达到长期监测奶牛活动状态的目的。高云[22]研究了无线传感器网络应用于猪养殖综合监测系统中的几个关键技术问题，包括无线传感器网络节点的覆盖性能分析、部署方案问题、无线传感器网络猪舍内定位的问题以及无线传感器网络运动行为监测问题，并提出网络化养猪综合精准监测系统的整体框架。目前的无线传感器节点在实际应用中遇到了很多问题，如安装复杂、容易脱落、电池续航能力不足、数据传输距离有限、环境适应性差等，需要各国学者的努力，进一步提高无线传感网络在畜牧养殖中的适用性。

三、物联牧场应用层的研究进展

应用层的研究是物联牧场的最高层，是面向养殖户的，可以根据养殖户的需求搭建不同的应用平台。物联牧场应用研究的主要内容包括：实现养殖环境的远程调控和智能调控，以确保适宜畜禽生长的养殖环境，保证畜禽健康，同时减轻养殖户的工作负担；实现精确饲喂，根据畜禽在各阶段的营养需求，模仿专家经验，设定饲料配方和饲喂量，合理饲喂，控制畜禽体况，减少饲料浪费，提高饲料转化率；实现育种繁育的智能管理，结合物联牧场感知到的信息，科学判别畜禽发情期，预测最佳配种时期，提高种畜和母畜的繁殖效率；实现畜禽疾病的诊断和预警，对感知到的传感数据进行数据融合，特征提取，智能判别等处理，对畜禽养殖疾病进行诊断，同时根据流行病学、预警科学等知识确定预警警级，减少畜禽疾病给养殖户造成的经济损失。

高万林等[23]设计了一个猪场信息管理系统，包含用户信息、猪场和生猪信息、饲料管理、环境监测、疾病诊断、销售管理 6 个模块。环境监测模块可以监测生猪的生长环境，包括温度、湿度、氨气、二氧化硫、二氧化碳浓度和光照强度。疾病诊断信息模块可以记录生猪疾病症状、诊断信息等。该系统可实现生猪猪场自动化管理，提高生猪养殖户的管理效率，并降低生猪养殖户的养殖成本，具有一定的实用价值。杨亮等[24]设计了一种妊娠母猪自动饲喂机电控制系统，采用 RFID 标识及无线局域网技术，实现了母猪的个体识别与数据交换。在个体识别的基础上，实现了针对不同妊娠期（前期、中期及后期）的母猪，有差异的精细饲喂，实验结果显示剩料比仅为2.1%，极大减少了饲料的浪费，提高了养殖效率。随着物联网感知层研究的推进，物联牧场应用层的研究也会日渐丰富，以满足养殖户个性化的需求。

第三节　物联牧场的技术体系

要使物联牧场健康持续发展，必须综合考虑人、机、牧的综合配置与协调，实现人机牧一体化发展，才能真正发挥物联牧场的作用。其技术体系是通过感知、传输、处理、控制等现代技术，将人机牧三者相互融合，提供更透明、更智能、更泛在、更安全的一体化服务。其中感知技术包括气象环境类传感器技术、气体类传感器技术、生命本体传感器技术和多媒体传感器技术4种。传输技术包括互联网技术、短信通信技术、ZigBee无线传输技术、GPRS无线传输技术、3G无线通信技术和4G无线通信传输技术6种。处理技术包括数据处理技术、图形图像处理技术、声音处理技术、视频处理技术、多信息融合处理技术和智能信息处理技术6种。控制技术包括最优控制技术、自适应控制技术、专家控制技术、模糊控制技术、容错控制技术和智能控制技术6种，如图6.2所示。

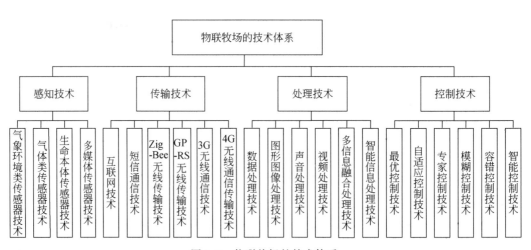

图6.2　物联牧场的技术体系

一、感知技术

感知技术是指利用传感器、RFID、视频、图像、声音等技术手段对畜禽养殖环境、畜禽健康状态、畜禽生长情况以及畜禽行为活动等信息的全面采集。根据感知对象的不同，可以分为气象环境类传感器技术、气体类传感器技术、生命本体传感器技术和多媒体传感器技术等4类。

气象环境类传感器技术，是指通过采集热电阻、湿敏电容、光电管、继电器等元器件电子信号的波动来感知畜禽生长环境的变化，主要包括温湿度传感器、光照传感器、降雨量传感器、风速传感器。

气体类传感器技术，主要分为两类，电化学传感器技术和光学传感器技术。电化学传感器技术是通过感知被测气体在传感器电极上发生化学反应并产生的电信号来工作。采用电化学传感器技术的传感器主要包括氧气传感器、氨气传感器、硫化氢传感器等。光学传感器技术主要是指利用非色散红外（NDIR）原理，通过不同气体对特定波长吸收能力的不同，实现对气体浓度的测量。采用光学传感器技术的传感器主要包括二氧化碳传感器、一氧化碳传感器和甲烷传感器等。

生命本体传感器技术是指通过红外测温技术、运动传感器技术、流量传感器技术等测量畜禽生命本体信息。采用这种技术的传感器主要包括非接触式体温传感器、产奶量传感器、运动量传感器、饮水量传感器、饮食量传感器等。

多媒体传感器技术是指利用视频、声音、图像等多媒体传感器技术感知动物的行为和声音特征等信息。采用这种技术的传感器主要包括工业相机、高速摄像头、麦克等。

二、传输技术

传输技术主要是指将感知到的畜禽生长环境信息和畜禽个体情况信息通过有线或无线的方式传送给用户。传输技术主要包括有线传输技术和无线传输技术。有线技术主要是指互联网技术。互联网技术是指以计算机为基础，通过电缆或光缆进行通信的技术。无线传输技术是指利用电磁波信号进行信息传输的技术，主要包括短信通信技术、ZigBee 无线传输技术、GPRS 无线传输技术、3G 无线通信技术（TD-SCDMA、WSCDMA、SCDMA2000）和 4G 通信传输技术（TD-LTE、FDD-LTE）。

短信通信技术是指利用移动通信网，以短信的形式传递感知到的物联牧场的相关信息。ZigBee 无线传输技术是指利用支持 ZigBee 短距离无线通信协议的传感器节点，进行养殖环境信息的采集、汇总和传输，该协议具有自组网、低成本、低功耗和支持大量节点的优点。GPRS 无线传输技术、3G 无线通信技术和4G 无线传输技术分别代表了第二代、第三代和第四代移动通信技术。GPRS 无线传输技术具有可靠性高、信号覆盖广、费用低的优点，适合在涉及范围广、布局分散的情况下使用。和 GPRS 无线传输技术相比，3G 无线通信技术和4G 无线传输技术具有数据传输率高、通信质量稳定和实时性强的优点。在物联牧场应用中，一般利用 GPRS 无线传输技术进行字节型数据的传输，利用 3G 无线通信技术和4G 无线传输技术进行视频等数据量比较大的信息的传输。

三、处理技术

处理技术主要是指对传感器数据、图像、声音、视频等信息进行处理、加工，提取出指导畜禽养殖生产的信息。常用处理技术主要包括数据处理技术、图形图像处理技术、声音处理技术、视频处理技术、多信息融合处理技术和智能信息处理技术。

数据处理技术是指对传感器数据进行数据编码、数据整理、数据库结构设计、数据清洗、数据压缩、数据存储、数据检索等处理的技术，方便后期管理和查看数据。图形图像处理技术是指对获取的图像进行色彩空间变换、滤波降噪、图像增强、灰度化、二值化、边缘检测、形态学处理、感兴趣区域（ROI）提取、特征量测量等处理，分析畜禽的体型参数、健康状况、动物福利情况等。声音处理技术是指通过数字滤波、傅里叶变换、傅里叶频域分析、小波分析、特征提取、模式匹配等方法对畜禽声音进行处理，提取声音信息进行畜禽个体识别以及疼痛、饥饿、发情等声音的判别诊断等。视频处理技术主要是利用目标检测技术对动物行为的监控和分析。多信息融合处理技术是指依据一定的准则，将多种来源的信息在时间、空间上进行组合，以获取被测对象的一致性描述或解释。智能信息处理技术是指利用人工神经网络、模糊计算、遗传算法等技术，对海量信息进行智能分析处理。

四、控制技术

控制技术是指通过对物联牧场设备的调控，确保畜禽养殖的最佳环境，同时节约生产成本，减轻劳动力负担，降低能耗，主要包括最优控制技术、自适应控制技术、专家控制技术、模糊控制技术、容错控制技术、智能控制技术。

最优控制技术是在给定条件下，对给定系统确定一种控制方法，使该系统在规定的性能指标下具有最优值。自适应控制技术是指系统在具有不确定性的内部和外部的条件下，通过一段时间的运行，系统逐渐适应将自身调整到一个最佳状态的控制方法。专家控制技术是以专家知识库为基础建立控制规则和程序，在未知环境下，模仿专家的经验，实现系统的控制。模糊控制技术是将输入量模糊化，然后制定模糊控制规则，输出模糊的判决，对输出量进行模糊化并反馈，该技术适合应用在畜牧生产环境，这种不需要精确控制，同时需要尽可能节省能耗的情况，具有应对畜牧生产环境影响因素众多、复杂的特点。容错控制技术是指在系统某些部件发生故障时，系统仍然能够保持稳定，并满足一定的性能指标的控制方法。智能控制技术是最高级的自动控制，它是在控制论、人工智能以及计算机学科的基础上发展起来的，是非线性的控制，具有自学习能力。

第四节　物联牧场的建设内容

物联网的发展，给畜牧业全过程都带来了巨大的变革。在物联网技术快速发展的今天，动物及其产品在繁育、环境、饲养、疫病、质量追溯等各个方面都发生了革命性的变化，以物联牧场为代表的畜牧业，正朝着更智能、更高效的方向发展。物联牧场的结构示意图，如图 6.3 所示。

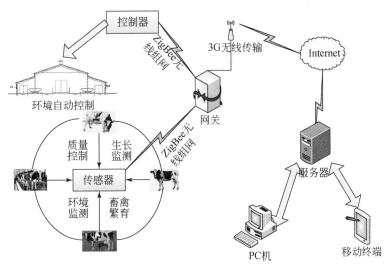

图 6.3　物联牧场的示意图

一、光温水气自动控制，生长环境精确模拟

畜禽的生长环境对畜禽产品产量和质量的影响尤为重要。我国现阶段大部分养殖场都无法做到对畜禽养殖环境进行精确控制，因此难以进一步提高畜禽产品的产量和质量；而物联网技术为畜禽生长环境的自动控制、精确模拟提供了必要的路径。通过光照、温湿度、气体传感器等采集牧场环境信息，将采集到的信息通过无线传输技术（WSN）和移动通信技术，如蓝牙、Wi-Fi、ZigBee、3G技术等传输到服务器，应用程序将收集到的数据与数据库中的标准数据进行对比，集合专家系统、畜禽生长模型等模型系统，科学准确地计算出畜禽养殖环境数据，然后将指令发往终端设备，通过自动控制技术（温度控制器、光照强度控制器、CO_2发生器等）对畜禽生长环境进行精确控制，从而提供一个良好的畜禽生长环境，促进畜产品产量和质量的提高。

二、生长状态实时反馈，畜禽生长精细饲养

畜禽在生长过程中，其个体的生长状态（如身高、体重、年龄、体温等）会发生巨大的变化，针对不同的个体生长状态，采用适合不同个体生长的饲料配方，对畜禽进行精细化饲养管理，才能更有效地促进畜禽生长，进而提高畜禽产品产量和质量。在物联牧场中，通过畜禽体征指标传感器，如压力传感器、红外传感器，实时搜集畜禽个体生理状态数据，并将数据及时传输到服务器，集合畜禽精细饲喂模型，对畜禽饲料配方进行科学配比，从而保证畜禽生长所需各种营养成分，节约生产成本，提高畜禽产品产量和质量；同时，监测畜禽个体数据异常情况，将数据及时反馈给生产者，做到实时监测、实时反馈、实时处理。

三、动物疫病实时监测，疫情预警严格控制

动物疫病是影响畜禽产量的重要因素，尤其是传染病，对畜禽养殖是一个极大的威胁。动物疫病在发生前都有征兆，物联网技术的发展为动物疫病的监测与预警提供了技术支撑。通过对畜禽个体情况的实时监测，及时了解个体生长状态，传感器将畜禽个体的生理数据（如体重、体温等）通过传输网络传到数据库，应用程序通过监测数据库中的实时数据，了解畜禽生长的实时信息，并将畜禽生长信息与最新的畜禽疫病数据相对比，及时监测畜禽生长状况，对疫情进行严格控制。

四、母畜数据实时传输，畜禽繁育动态监测

畜禽繁育是畜牧业养殖的重要方面，在养殖产业环节中，占有相当重要的地位。随着物联网技术的发展，尤其是 RFID、二维码、传感器等采集技术的进步，母畜在发情期的各种生理数据都会发生变化，通过发情期母畜生理变化情况，科学地对畜禽进行配种和生育。以奶牛为例，发情期的奶牛，其活动量、步行数等都远远大于其他奶牛，通过对奶牛行为进行监测，可以实时了解奶牛的发情状况，科学预测奶牛发情时间，及时进行人工授精，提高奶牛受孕率。在奶牛怀孕期，通过对奶牛身体状态进行监测，及时了解奶牛生长状况，保证奶牛顺利产仔。

五、质量管理精确控制，产品溯源可持续化

随着经济生活的发展，尤其是近几年食品安全事件频发的影响，农产品溯源技术越来越受到重视，物联网技术的进步，极大提高了农产品溯源技术的水平。在物联牧场中，以二维码和 RFID 技术为主的个体标识技术已经得到了广泛的应用，畜牧业物联网溯源平台已经基本完善。物联牧场生产的每一种产品，都可以通过标识在物联牧场的溯源平台中查到其产地、销地，并通过溯源系统对其质量进行严格把关。

第五节　物联牧场监测控制系统

物联牧场监测控制系统由物联牧场环境气象和气体监测站、物联牧场远程控制系统、物联牧场信息管理系统和物联牧场手机应用软件（APP）四部分组成。其中，物联牧场环境气象和气体监测站分别分为有线传输版和无线传输版。

一、物联牧场环境气象和气体监测站有线传输版

物联牧场环境气象和气体监测站有线传输版，主要用于对养殖环境信息的实时采集，并通过以太网模块将采集到的传感器数据上传到服务器。目前，监测的养殖环境信息主要包括温湿度、光照强度、风向、风速、雨量、一氧化碳浓度、氨气浓度、氧气浓度、二氧化碳浓度、硫化氢浓度和甲烷浓度。监测站由嵌入式开发模块、RS-485 传感器模块、蓄电池模块和支架组成。支架由竖杆、3 个支撑部件、3

根横杆组成，支撑部件与竖杆连接，横杆固定在竖杆上。RS-485 传感器模块固定在横杆上。蓄电池模块和嵌入式开发模块固定在支架上。蓄电池模块通过导线连接所述嵌入式开发模块。RS-485 传感器模块通过 RS232/485 接口转换器与嵌入式开发模块连接（监测站的结构示意图，如图 6.4 所示。监测站的实物图，如图 6.5 所示）。

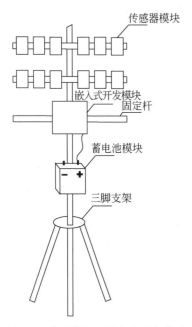

图 6.4　物联牧场环境气象和气体监测站有线传输版结构示意图

图 6.5　物联牧场环境气象和气体监测站有线传输版实物图

物联牧场环境气象和气体监测站有线传输版硬件连接框图，如图 6.6 所示。嵌入式开发模块通过 RS232/485 接口转换器与传感器模块连接。嵌入式开发模块还连接着以太网。嵌入式开发模块由 S5PV210 嵌入式处理器、内存、闪存、以太网接口、RS232 接口、稳压电源模块和 LCD 显示模块组成，如图 6.7 所示。嵌入式处理器 S5PV210 采用了 ARM CortexTM-A8 内核，ARM V7 指令集，主频可达 1GHZ，可以实现 2000DMIPS（每秒运算 2 亿条指令集）的高性能运算能力。内存为 512MB DDR2 RAM，FLASH 存储为 2GB MLC NAND。

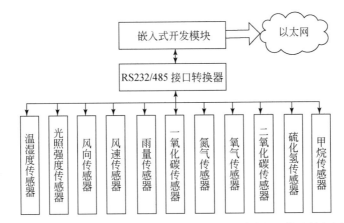

图 6.6　物联牧场环境气象和气体监测站有线传输版硬件连接框图

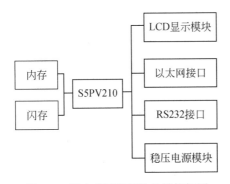

图 6.7　嵌入式开发模块的结构框图

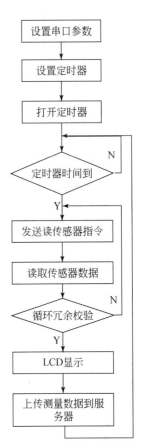

图 6.8　系统工作流程图

　　系统工作流程，如图 6.8 所示。系统开机后先进行初始化，设置串口参数和定时器；然后打开定时器；检验定时器时间是否到，如果没有到，则继续等待；如果到了，则发送读传感器指令到传感器模块，读取传感器数据；对读到的传感器数据进行循环冗余校验，如果未通过校验，则重新读取传感器数据；如果通过校验，则在 LCD 显示传感器数据，并将数据通过以太网口上传到服务器。

　　监测站通过套接字（SOCKET）实现向服务器上传数据。当套接字断开时，如果监测站不能察觉到链接断开，会照常发送数据，但此时服务器接收不到数据，所以需要建立心跳机制。服务器每隔 4 秒发送数据给监测站，监测站收到则启动或重启 5 秒心跳定时器，证明链接有效。如果超过 5 秒监测站没有收到服务器发来的数据，则主动断开与服务器的链接，重新建立链接。心跳机制工作流程，如图 6.9 所示。

当传感器数据异常时，需要循环读取传感器数据，直到数据通过循环冗余校验或者定时器超时。设置读取数据定时器，来防止程序陷入死循环。工作流程，如图 6.10 所示。

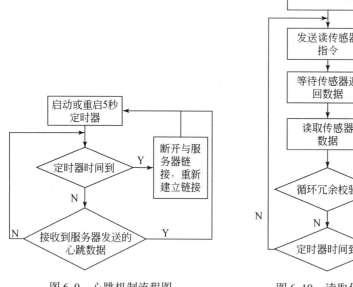

图 6.9 心跳机制流程图   图 6.10 读取传感器数据的数据流程图

物联牧场环境气象和气体监测站有线传输版，气象监测界面，如图 6.11 所示；气体监测界面，如图 6.12 所示。

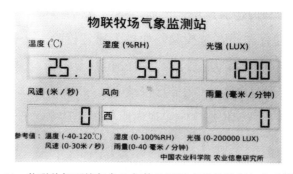

图 6.11 物联牧场环境气象和气体监测站有线传输版气象监测界面

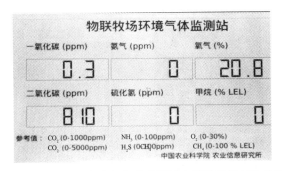

图 6.12　物联牧场环境气象和气体监测站有线传输版气体监测界面

二、物联牧场环境气象和气体监测站无线传输版

物联牧场环境气象和气体监测站无线传输版和有线传输版功能相同，用于对养殖环境信息的实时采集，并通过无线数据传输模块将采集到的传感器数据上传到服务器。为了满足监测站野外工作的供电需求，监测站配备了太阳能供电系统。目前，监测的养殖环境信息主要包括温度、湿度、光照强度、风向、风速、雨量、一氧化碳浓度、氨气浓度、氧气浓度、二氧化碳浓度、硫化氢浓度和甲烷浓度等 12项指标。监测站的结构示意图，如图 6.13 所示。监测站实物图，如图 6.14 所示。

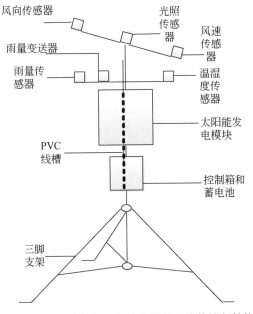

图 6.13　物联牧场环境气象和气体监测站无线传输版结构示意图

(a)   (b)

图 6.14　物联牧场环境气象和气体监测站无线传输版实物图

其中，风向传感器固定在气象架顶端的横臂一端，用以监测风向信息；风速传感器固定在气象架顶端的横臂一端，用以监测风速信息；光照传感器固定在顶端中间，用以监测光照信息；温湿度传感器固定在顶端下方的横臂一端，用以监测环境温湿度信息；雨量传感器由雨量变送器和雨量筒组成，雨量筒固定在顶端下方的横臂一端，用来监测雨量信息；雨量变送器固定在顶端下方横臂中间，用以将雨量筒测出的模拟信号转换为数字信号，发送给控制板；太阳能发电模块固定在雨量变送器所在横臂下方气象架主干上，用以将太阳能转化为蓄电池中的电能；控制箱固定在太阳能发电模块下方气象架主干上，用以放置蓄电池、控制板及数据传输模块，蓄电池为气象架所有设备供电，显示模块用以显示风向、风速、温湿度和雨量信息，DTU 数据传输模块用以传输视频信息；PVC 线槽固定在气象架主干上，用以放置各传感器和太阳能电池板的连接线，以防止线路因雨水腐蚀等带来的老化问题。

物联牧场环境气象和气体监测站无线传输版的硬件框图，如图 6.15 所示。监测站控制器的主要功能包括：与 RS-485 接口的传感器模块通信，读取传感器的数据；在液晶显示模块上，显示传感器数据；将传感器数据通过 DTU 数据传输模块，发送到服务器。主控制器需要完成的功能比较简单，考虑到降低成本，以及监测站在野外工作需要满足低功耗的要求，监测站采用 STC12LE5A60S2 单片机作为监测站的主要控制器。STC12LE5A60S2 单片机是宏晶科技生产的单片机，具有高速、低功耗和抗干扰的特点。该单片机工作电压为 2.2～3.6V，用户应用程序空间为 60K，

同时具有两个串口，可以满足单片机同时和 DTU 数据传输模块、液晶显示模块或
传感器模块通信的需求。

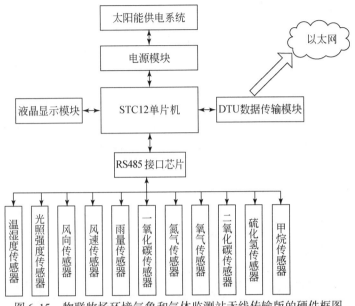

图 6.15 物联牧场环境气象和气体监测站无线传输版的硬件框图

系统的电路图，如图 6.16 所示。系统的印刷电路板（PCB）的布线图，如图
6.17 所示。系统的电路板实物图，如图 6.18 所示。

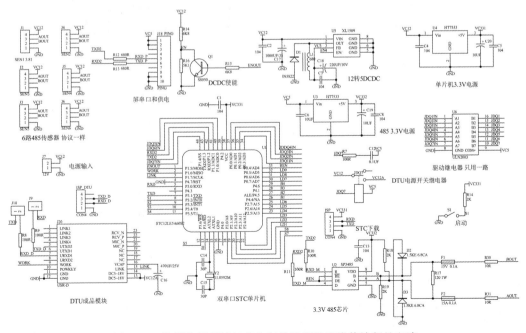

图 6.16 物联牧场环境气象和气体监测站无线传输版的电路

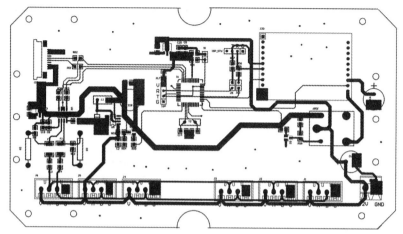

图 6.17　物联牧场环境气象和气体监测站无线传输版的 PCB 布线图

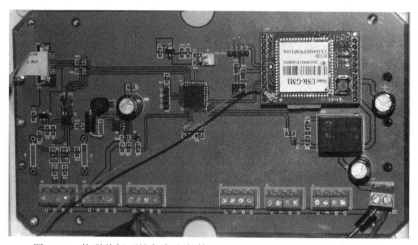

图 6.18　物联牧场环境气象和气体监测站无线传输版的电路板实物图

电源模块电路。系统主控制器 STC12LE5A60S2 和 RS-485 接口芯片 SP3485 需要 3.3V 电源，液晶显示模块需要 5V 电源，DTU 数据传输模块和传感器模块需要 12V 电源。由太阳能充电的蓄电池可以提供 12V 的电压给 DTU 数据传输模块和传感器模块供电。12V 的电压经过由 XL1509 构成的 DC/DC 降压模块变为 5V 电压，给液晶显示模块供电。5V 电压分别经过两个 HT7533 线性稳压芯片给系统主控制器和 RS-485 接口芯片供电。

系统功能电路。它包括数据传输模块、液晶显示模块和 RS-485 传感器通信模块。主控制器包含两个串口，串口 1 和串口 2。串口 1 的管脚 TXD 和 RXD 分别与 DTU 数据传输模块的 UTXD1 和 URXD1 相连。DTU 数据传输模块选用 GPRS 数据传输模块，型号为 USR-GM1。模块内置 TCP/IP 协议栈，设置简单，使用方便。该模块可以配置心跳包数据格式、发送间隔、与服务器保持连接，支持掉线重连，实现数据的无线传输。

串口 2 的管脚 TXD2 和 RXD2 和液晶显示模块的通信管脚 RXD_ P 和 TXD_ P 相连。液晶显示模块选用一款工业串口液晶触摸屏，型号为 DMT48270M043。该模块具有开发简单、低功耗以及背光自动待机的优点。

串口 2 的管脚 TXD2 和 RXD2 同时和 RS-485 接口芯片 SP3485 相连。SP3485 是一款低功耗半双工收发器，满足 RS-485 串口协议的要求，将主控制器的 TTL 电平转换为 RS-485 电平，实现对传感器模块感知数据的采集。

传感器模块容易受到恶劣自然环境的损害，如日晒、雨淋、高温、高湿、结露、结霜、冰冻、雾霾、沙尘等；同时，野生小动物的破坏导致接头脱落，传感器探头损害的事情也时有发生。为了解决传感器模块易损坏、需要定期替换更新的问题，所有的传感器模块选用了支持标准 MODBUS 通信协议的传感器模块。各个模块的检测范围如下：

温度检测范围：–40 ~ 120℃，湿度检测范围：0 ~ 100% RH。光照强度检测范围：0 ~ 200000LUX。风速检测范围：0 ~ 30m/s。雨量检测范围：0 ~ 40mm/min。一氧化碳检测范围：0 ~ 1000ppm。氨气检测范围：0 ~ 100ppm。氧气检测范围：0 ~ 30%。二氧化碳检测范围：0 ~ 5000ppm。硫化氢检测范围：0 ~ 100ppm。甲烷检测范围：0 ~ 100% LEL。

物联牧场环境气象和气体监测站无线传输版，气象监测界面，如图 6.19 所示；气体监测界面，如图 6.20 所示。

图 6.19　物联牧场环境气象和气体监测站
无线传输版气象监测界面

图 6.20　物联牧场环境气象和气体监测站
无线传输版气体监测界面

三、物联牧场远程控制系统

物联牧场远程控制系统使得养殖户可以通过手机 APP 远程控制牧场设备，如风机、照明灯、水泵、加热器、电机和电磁阀等设备的启动和停止。物联牧场远程控制系统支架，如图 6.21 所示。支架上安装有风扇、加热器、照明灯、电机、水泵和电磁阀。该支架移动方便，适合小型的牧场使用。物联牧场远程控制系统控制箱，如图 6.22 所示。控制面板上安装设备的硬件开关，可以和远程控制系统手机 APP 同时使用。物联牧场远程控制系统的硬件框图，如图 6.23 所示。系统由两个单片机、电源模块、DTU 数据传输模块、继电器驱动芯片和继电器组成。为充分利用已开发的物流牧场环境气象和气体监测系统无线传输版的电路板，该远程控制系统采用了双机通信的方式。单片机 1 用来接收单片机 2 传递的指令并执行，控制继电器 1~6 的工作状态，从而实现物联牧场设备的启停。单片机 2 用来接收养殖户通过以太网发送来的控制指令，并传递给单片机 1。该系统单片机 2 部分的电路图与物联牧场气象和气体监测系统无线传输版相同，如图 6.16 所示。该系统单片机 1 部分的电路图，如图 6.24 所示，单片机 1 通过继电器驱动芯片 ULN2003 与继电器 G5LA 相连。ULN2003 是高耐压、大电流、内部由七个硅 NPN 达林顿管组成的驱动芯片，内部还集成了一个消线圈反电动势的二极管，可用来驱动继电器。G5LA 是一款功率继电器，具有可靠性高，触点负载大的优点，10A 电流和 250V 交流电源。物联牧场远程控制系统 PCB 布线图，如图 6.25 所示。电路板实物图，如图 6.26 所示。

图 6.21　物联牧场远程控制系统支架

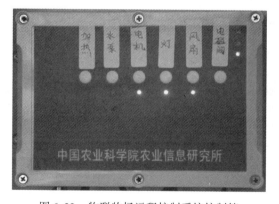

图 6.22　物联牧场远程控制系统控制箱

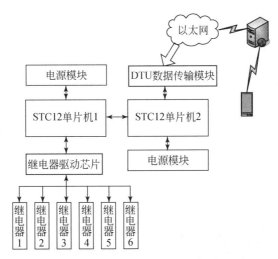

图 6.23　物联牧场远程控制系统硬件框图

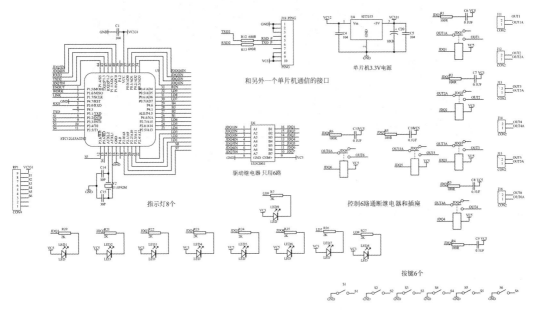

图 6.24　物联牧场远程控制系统电路

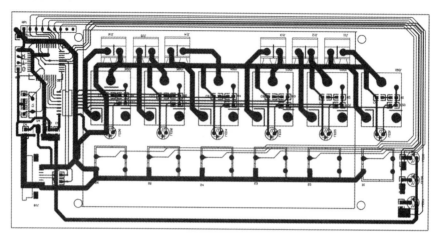

图 6.25　物联牧场远程控制系统电路板 PCB 布线图

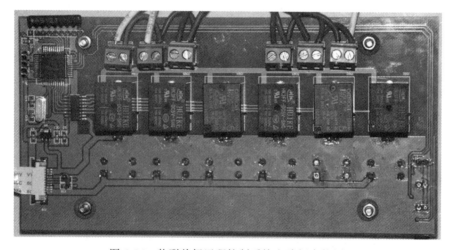

图 6.26　物联牧场远程控制系统电路板实物图

四、物联牧场信息管理系统

物联牧场信息管理系统是对畜禽养殖环境监测数据进行管理和可视化展示的平台。该信息管理系统的主要功能包括：

·用户登录，根据用户的权限，设定用户可以查看的站点信息；

·所有站点监测数据的汇总，包括所有物联牧场站点环境的实时监测数据；

·所有站点信息的可视化展示，在地图上展示各物联牧场站点的分布和实时环境监测数据；

·单个站点信息展示，包括站点名称、当前监测图片、地理位置信息、用户名称、建立时间、当前环境监测数据和历史监测数据；

·监测数据的检索与展示，主要是对感兴趣历史时间段数据的检索、对比和展示。

该信息管理系统主要包括"用户登录"、"实时数据"、"站点信息"和"数据检索"四个模块。

"用户登录"模块，如图6.27所示，输入用户名和密码之后，点击"登录"按键，即可登录物联牧场信息管理系统。如果用户名不存在或密码错误，系统会提示"用户名或密码错误!"，如图6.28所示。

图 6.27 物联牧场信息管理系统登录界面

✕

用户名或者密码错误!

确定

图 6.28 物联牧场信息管理系统登录失败界面

"实时数据"模块，用户可以查看站点的实时数据，如图6.29所示。主要显示的信息包括省份、县市、站点名称、时间、温度、湿度、光照、风速、风向、雨量、二氧化碳、氨气、甲烷、一氧化碳、氧气和硫化氢气体浓度。其中，温度显示范围：-40~120℃；湿度显示范围：0~100 % RH；光照强度显示范围：0~200000 LUX；风速显示范围：0~30m/s；雨量显示范围：0~40mm/min；一氧化碳显示范围：0~1000 ppm；氨气显示范围：0~100 ppm；氧气显示范围：0~30 %；二氧化碳显示范围：0~5000 ppm；硫化氢显示范围：0~100 ppm；甲烷显示范围：0~100% LEL。

图6.29　物联牧场信息管理系统实时数据界面

在"实时数据"模块，用户还可以在地图上查看物联牧场站点分布图和实时的监测数据，如图6.30所示。

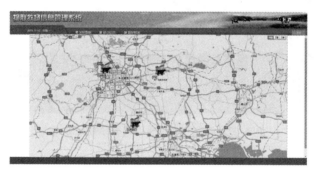

图6.30　物联牧场信息管理系统实时数据可视化展示界面

在"站点信息"模块，左侧显示站点列表，点击相应的站点，右侧会展示站点图片、最新的气象类和气体类所有数据，同时在下面用折线图显示近期气象和气体数据变动情况，如图6.31所示。

在"数据检索"模块，用户可以选择"站点"，它是一个树形结构。可以多选，选择省，即默认选择该省所有的县和站点；选择县，即默认选择该县所有的"站点"、"时间段"（精确到日）、"数据指标"（包括气象类和其他类所有指标，可多选）。设定好检索条件后，点击"检索"按钮。查询结果在表格中显示，并在下面用折线图显示。一个指标对应一个折线图，横轴是时间，纵轴是数值。不同的站点同一个指标用不同的折线在同一个图上表示。数据检索界面，如图6.32所示。

图 6.31　物联牧场信息管理系统站点信息界面

图 6.32　物联牧场信息管理系统数据检索界面

后台管理系统的界面，如图 6.33 所示。后台管理系统包括"资源管理"模块和"系统管理"模块。在"资源管理"模块中，可以添加、删除和修改省份、地区、站点、气体类和气象类数据信息。在"系统管理"模块中，可以进行密码的修改，后台用户的添加、删除、修改以及用户权限的设定。

图 6.33　物联牧场信息管理系统后台管理界面

五、物联牧场移动终端程序

物联牧场移动终端程序又名手机 APP，它是一款针对畜禽养殖业的专用软件。

该软件通过 WiFi 网络或 GPRS 通信网络访问物联牧场后台服务器，可以实时查看物联牧场站点的气象、气体和视频信息，并可以远程控制物联牧场站点环境控制设备的启动和停止。其中：气象信息包括温度、湿度、光照强度、风速、风向和雨量信息；气体信息包括一氧化碳、氨气、氧气、二氧化碳、硫化氢和甲烷等气体浓度信息。该软件为畜禽饲养管理人员提供了便利，将极大提高畜禽的养殖管理效率，改善畜禽养殖环境，提高动物福利。

该软件的主要功能和特点如下：

·系统登录：对用户账号和密码进行验证，确定用户权限并登录；

·数据采集功能：采集物联牧场环境的气象和气体信息；

·开关控制：控制物联牧场环境控制设备，如风机、电暖气、照明灯、电机、水帘和电磁阀等；

·视频中心：实时查看物联牧场站点的视频监控数据；

·系统设置：设置服务器的名称、IP 地址和端口号。

图 6.34　物联牧场手机 APP 登录界面

物联牧场移动终端程序的登录界面，如图 6.34 所示。输入用户名和密码后，点击"登录"可进入系统。

登录后，进入功能选择界面，如图 6.35 所示。系统的主要功能包括"数据采集"、"开关控制"、"视频中心"和"系统设置"，点击相应图标进入功能模块。

选定功能后，首先需要进行物联牧场站点的选择，如图 6.36 所示。选定站点后，会进入相应的模块界面。

图 6.35　物联牧场手机 APP 系统功能界面

图 6.36　物联牧场手机 APP 牧场选择界面

"数据采集"模块实时显示已选择牧场的气象或气体数据，通过点击顶部"气象数据"和"气体数据"按钮，可以实现显示信息的切换，如图6.37和图6.38所示。其中，气象数据包括温度、湿度、光照度、风速、风向和雨量信息。气体数据包括氧气、二氧化碳、一氧化碳、氮气、硫化氢和甲烷浓度信息。同时，界面底部设置"退出"和"返回"按钮，用于退出程序或返回到功能选择界面。

图6.37　物联牧场手机APP
气体数据展示界面

图6.38　物联牧场手机APP
气象数据展示界面

"开关控制"模块，用户可以发送控制指令到牧场，实现对风机、电暖气、照明灯、电机、水帘和电磁阀的远程控制。选定要打开或关闭的设备后，点击"发送"按钮，如图6.39所示。为防止误操作，软件会提示用户"您确定要发送控制吗?"，如图6.40所示，用户进行再次确认后，发送控制指令到服务器。同时，界面底部设置"退出"和"返回"按钮，用于退出程序或返回到功能选择界面。

在"系统设置"模块，可以对服务器的IP地址，端口和系统名称进行设定，如图6.41所示。

图6.39　物联牧场手机APP
系统远程控制界面

图6.40　物联牧场手机 APP
远程控制确认界面　　　　图6.41　物联牧场手机 APP
系统设置界面

第六节　物联牧场的未来趋势

首先,传感器技术将是物联牧场发展的关键。在农业物联网感知层、传输层、应用层中,感知层中传感器技术的发展水平是农业物联网发展的核心要素。我国畜牧业物联网现处在发展的初级阶段,传感器技术与其他行业差距较大。能否研发出低成本、高精端、高灵敏度的传感设备,将直接影响到物联牧场发展的水平。光照、温度、湿度、二氧化碳、硫化氢等传统传感器和光纤、红外、生物等新型传感器的成功研发,将为物联牧场的未来发展奠定技术基础。

其次,低成本、高效益的物联网专用设备是物联牧场推广应用的必要条件。物联网技术应用于畜牧业,要把提高畜牧业经济效益作为最终目标。与工业和服务业相比,我国农业产业化水平不高,利润回报率低,因此,在未来物联牧场中,研制出低成本、高效益的物联网设备,是物联牧场应用的必经之路。物联网应用层与智能手机、平板计算机等移动终端相结合,已经成为农业物联网发展的特色,开发更适合畜牧业发展的物联网专用设备,将为畜牧业发展带来更多的效益。

最后,物联网技术人才是物联牧场发展的核心。物联网涉及传感器技术、通信技术、网络技术、计算机技术、软件技术等多种技术,而以物联牧场为代表的畜牧业物联网技术,又涉及多个农业方面的专业知识,需要懂农业、懂技术的复合型人才。在现代畜牧业中,人才是物联牧场发展的核心,尤其是精通多种学科的专业人才，将决定我国畜牧业未来的发展水平。

本章参考文献

[1] 车清明. 我国畜牧业发展的现状与对策. 国外畜牧学：猪与禽，2012，32（7）：55，56.

[2] 申秋红. 浅谈畜牧业发展和社会主义新农村建设. 河南农业科学，2007，(11)：28-30.

[3] 佚名. 农业部关于推进畜禽现代化养殖方式的指导意见. 饲料与畜牧，2004，(6)：1-3.

[4] 于潇萌，刘爱民. 促使畜牧业养殖方式变化的因素分析. 中国畜牧杂志，2007，43（10）：51-55.

[5] Tasdemir S，Urkmez A，Inal S. Determination of body measurements on the Holstein cows using digital image analysis and estimation of live weight with regression analysis. Computers and electronics in agriculture，2011，76（2）：189-197.

[6] 李卓，毛涛涛，刘同海，等. 基于机器视觉的猪体质量估测模型比较与优化. 农业工程学报，2015，(2)：155-161.

[7] Mollah M B R，Hasan M A，Salam M A，et al. Digital image analysis to estimate the live weight of broiler. Computers and electronics in agriculture，2010，72（1）：48-52.

[8] Menesatti P，Costa C，Antonucci F，et al. A low-cost stereovision system to estimate size and weight of live sheep. Computers and Electronics in Agriculture，2014，103：33-38.

[9] 郭浩，张胜利，马钦，等. 基于点云采集设备的奶牛体尺指标测量. 农业工程学报，2014，(5)：116-122.

[10] Kuzuhara Y，Kawamura K，Yoshitoshi R，et al. A preliminarily study for predicting body weight and milk properties in lactating Holstein cows using a three-dimensional camera system. Computers and Electronics in Agriculture，2015，111：186-193.

[11] 朱伟兴，刘波，杨建军，等. 基于改进主动形状模型的生猪耳部区域检测方法. 农业机械学报，2015，(3)：288-295.

[12] 纪滨，朱伟兴，刘波，等. 基于脊腹线波动的猪呼吸急促症状视频分析. 农业工程学报，2011，27（1）：191-195.

[13] Ferrari S，Piccinini R，Silva M，et al. Cough sound description in relation to respiratory diseases in dairy calves. Preventive veterinary medicine，2010，96（3）：276-280.

[14] Han S，Kondo N，Ogawa Y，et al. Feasibility of pupillary light reflex analysis to identify vitamin A deficiency in Japanese black cattle. Computers and Electronics in Agriculture，2014，108：80-86.

[15] Aydin A，Bahr C，Berckmans D. A real-time monitoring tool to automatically measure the feed intakes of multiple broiler chickens by sound analysis. Computers and Electronics in Agriculture，2015，114：1-6.

［16］Kashiha M, Bahr C, Haredasht S A, et al. The automatic monitoring of pigs water use by cameras. Computers and electronics in agriculture, 2013, 90: 164-169.

［17］朱伟兴, 浦雪峰, 李新城, 等. 基于行为监测的疑似病猪自动化识别系统. 农业工程学报, 2010, 26 (1): 188-192.

［18］González L A, Bishop-Hurley G J, Handcock R N, et al. Behavioral classification of data from collars containing motion sensors in grazing cattle. Computers and Electronics in Agriculture, 2015, 110: 91-102.

［19］Vandermeulen J, Bahr C, Tullo E, et al. Discerning Pig Screams in Production Environments. PLOS ONE. 2015.

［20］林惠强, 周佩娇, 刘财兴. 基于 WSN 的动物监测平台的应用研究. 农机化研究, 2009, 31 (1): 193-195.

［21］尹令, 刘财兴, 洪添胜, 等. 基于无线传感器网络的奶牛行为特征监测系统设计. 农业工程学报, 2010, 26 (3): 203-208.

［22］高云. 基于无线传感器网络的猪运动行为监测系统研究. 华中农业大学, 2014.

［23］高万林, 李静, 肖颖, 等. 猪场信息综合管理系统研究 (英文). 农业工程学报, 2015, 31: 230-236.

［24］杨亮, 熊本海, 曹沛, 等. 妊娠母猪自动饲喂机电控制系统设计与试验. 农业工程学报, 2013, (21): 66-71.

第七章 农业展望研究

农业展望是农业全程信息化建设水平的集中体现，它采用信息的获取、处理、分析技术以预测未来农业发展趋势，通过发布未来一定时期农产品市场供需信息以达到引导农业生产、流通、贸易和消费的目的。发达国家和国际机构的实践表明，信息化程度高的国家和地区，农业展望技术也处在领先水平，能够实现以信息为导向的供需基本匹配，既保障了农业生产者的利益，也保障了农产品消费者的权益。

第一节 农业展望的概念及意义

"召开农业展望大会，发布农业展望报告"，是引领农产品市场供需，获得农产品贸易话语权的重要举措。特别是随着农产品国际竞争日趋激烈，世界各国纷纷通过农业展望报告向世界发声，积极争夺世界农产品贸易主动权。随着中国农业展望大会的召开，社会各界人士的参与，中国农业展望大会已经成为汇聚国内外信息资源，对外发出中国声音和提升国际话语权的重要平台。

一、农业展望的概念

农业展望是研判未来一段时期农产品市场供需形势变化，并通过释放市场信号引导农业生产、消费和贸易活动的一种调控手段[1]。

农业展望活动主要包括农业展望大会和农业展望报告。农业展望大会一般每年召开 1 次，主要是发布农业展望报告，探讨农业展望理论与技术，讨论一些热点农业问题。农业展望报告一般以谷物、棉花、油料、糖料、肉类、禽蛋、奶类、蔬菜、水果等农产品为对象，对展望期内各品种的生产、消费、贸易、价格等现状进行回顾分析，并通过预测模型展望未来走势。

农业展望的技术工作环节包括情景设定、基线预测、协同会商和报告发布四个方面。其中，情景设定是综合考虑展望期内与农产品供需相关的经济增长、人口增减、科技创新、政策导向、气候变化等各种因素，开展研判、选择并进行经济学假设；基线预测是在情景假设的基础上，运用特定的计量经济学模型，构建农产品供需平衡表，预测未来 10 年农业基本走势；协同会商是针对基线预测结果，召集有关各方进行讨论，视情况进行再预测、再会商，直至基本达成一致意见；报告发布是指每年在固定时间、固定地点召开农业展望大会，发布农业展望结果，展望报告在发布之前实行严格保密制度。

二、农业展望的意义

开展农业展望的主要目的，是为农业市场供求主体和管理者提供有效的生产、消费和贸易等信息，提高其决策能力，稳定农业生产和促进农业发展。其作用主要体现在：

研判农产品供需和贸易形势，指导农业生产。农业基础设施、农业政策、国际市场形势、气候变化、人口增减、消费习惯变迁等因素无不影响农产品市场供求。因此，开展农业展望，及时研判农产品市场形势，指导农业生产，对于促进农产品市场稳定具有重大意义。

发布权威信息，提高信息服务质量。由政府开展农业展望工作，是一个复杂而又严谨的过程，一般要具有多年的前期工作积累，具有相对完整规范的信息采集、分析体系，以及强大的模型系统支撑，并经领域专家多次会商。所形成的农业展望报告兼有官方性与学术性，具有较高的权威性，同时可以保证信息使用的公平性、及时性和真实性。

释放市场信号，维护农产品市场稳定。农业展望报告中的农产品供需平衡表，详细列出了展望期内逐年农产品分品种的生产、消费、价格、贸易与库存数据，可以有效引导农业生产、农产品消费、农产品国际贸易，成为农业管理者、生产者、消费者、经营者行为的"风向标"。

第二节　国外农业展望进展

随着农产品国际竞争日趋激烈，世界各国纷纷开展农业展望活动，积极争夺世界农产品贸易主动权。美国早在1923年就举办了首届农业展望大会，1997年以后更加规范，每年2月份召开，目前已召开92届。经济发展与合作组织（OECD）和联合国粮农组织（FAO）在各自开展农业展望研究的基础上，从2005年起每年6月份联合召开世界农业展望大会，目前已召开10届。澳大利亚自1971年以来，已召开45届农业展望大会。开展农业展望活动已经成为发达国家的通行做法。在这个背景下，我国于2014年4月举办了首届中国农业展望大会。

一、美国农业展望发展概况

农业展望的核心是农产品监测预警，美国是世界农业大国和农业强国，农产品市场高度发达，建立了完善的农业信息监测预警工作机制。通过及时发布农产品市场信息，引导农产品生产、消费和贸易，拥有世界农产品贸易的绝对话语权。经过多年的发展，美国农业监测预警和展望机制不断完善，建立了一套严谨的信息收集、分析、发布和服务体系[2]。

1. 工作机构

美国农业展望工作，主要由农业部的世界农业展望局负责综合协调。美国农业部的34个局（办公室）中，有12个局（办公室）与农产品信息分析预警工作直接相关，主要是世界农业展望局、经济研究局、国家农业统计局、农业市场服务局、农场服务局、海外农业服务局、首席经济学家办公室、联合农业气象中心、预算与项目分析办公室、风险管理局、国家自然资源保护局和国家食品与农业研究所[3]。

2. 工作机制

美国农业展望工作在数据采集、分析研究和信息发布方面有着明确的分工：原始数据采集工作由美国农业部内部的专业司局负责，数据信息均公布在美国农业部网站上，可以免费查询下载；研究分析工作由政府部门、研究单位和大学共同负责，所有研究人员不必参与基础数据收集；农产品分析预警信息的发布由农业展望研究局牵头负责。

1）基础数据采集由国家农业统计局和海外农业服务局等政府部门负责

原始基准数据采集方面，国内数据主要由国家农业统计局负责采集，国外数据主要由海外农业服务局负责。国家农业统计局采集的数据类型分农业普查数据和经常性调查数据两大类。农业普查数据包括人口、资源、农场、经济等方面的数据。经常性调查数据包括农作物产品类数据、动物性产品类数据、多种经济类指标数据和农作物气象监测数据。海外农业服务局通过驻外使馆农业专员、贸易商和遥感系统等方式，收集全球作物及畜牧业生产数据和进出口信息，并利用这些信息评估出口前景。

2）研究分析由政府部门、研究单位和大学共同负责，实行跨部门整合研究

美国农业部参与农业展望研究的部门包括经济研究局、海外农业服务局、农业市场服务局、农场服务局和世界农业展望局等。同时，相关研究单位和大学也参与了预报分析，包括美国食物与农业政策研究所、康奈尔大学等。美国食物与农业政策研究所是由依阿华大学和密苏里大学联合组成的，主要开展国内农产品市场和国际大宗商品市场的基线预测（baseline projections）以及政策分析等。艾奥瓦州立大学的农业与农村发展中心（CARD）负责 FAPRI 模型的国际部分研究，密苏里大学的国家粮食与农业政策中心（CNFAP）负责 FAPRI 模型的国内部分研究。

3）信息发布由多部门组成的世界农业展望研究局负责

美国农产品分析预警信息由世界农业展望局负责最终审核，并经农业部长签字后发布。2011 年，美国农业部发布了与农产品分析预警相关的报告共 809 篇。在发布的众多信息中，每月发布的《世界农产品供需预测报告》、每年发布的《农业中长期展望报告》及年度农业展望论坛最受世界关注。

3. 农业展望大会及农业展望报告

1）农业展望大会

美国农业展望大会从 1923 年开始举办，近年参加人数日趋增多，包括农业生产者、政策制定者、涉农工商企业、政府官员和产业分析师等。展望大会对当年农业农村经济和外贸形势进行分析展望，为广大农场主和农业企业提供详细的市场解读。据介绍，2012 年展望大会的主要内容包括食品价格展望、农场收入展望、生物能源展望、粮棉油糖畜禽产品展望、金砖国家出口机会和竞争力展望、农业科技展

望等。

2）农业展望报告

美国农业部按照日、周、月、季、年等时间规律发布各农产品数据报告。如国家农业统计局的奶制品和花生价格周报，海外农业局的大豆、玉米、小麦、棉花等农产品出口周报，经济研究局的饲料、棉花、羊毛、稻米等产品展望月报，世界农业展望委员会的全球农产品供需月报等，还有一些各机构的深度分析报告。其中《世界农业供需预测报告》（WASDE）和《农业中长期展望报告》影响最大。《世界农业供需预测报告》包括美国和世界主要谷物、大豆及其制品、棉花以及美国糖料和畜产品的供需平衡情况。美国年度《农业中长期展望报告》（一般为 10 年）由跨部门的商品预测委员会完成，于每年 2 月份对外发布，内容包括两年的历史数据以及未来 10 年的预测数据。

二、澳大利亚农业展望发展概况

作为世界重要的农产品出口国之一，澳大利亚十分重视农业展望和农产品市场监测预警工作，形成了一套完整的信息采集、分析和发布工作机制。

1. 工作机构

澳大利亚农业展望与监测预警体系相对比较健全，相关机构主要包括农业部、统计局、联邦科学与工业研究组织、联邦气象局、各州第一产业部（农业局）等政府部门，以及澳大利亚肉类和牲畜有限公司、蔬菜协会等行业协会和公司。澳大利亚农业展望活动由澳大利亚农业部农业资源经济科学局（简称 ABARES）主要承担。ABARES 从澳大利亚知名大学雇佣经济学家、科学家、研究人员和分析师，组建了 300 多人的专业分析师队伍，研发了系列化的数据分析模型、工具、系统和数据库，对国内外农业市场进行分析调研，尽可能地为各级农业生产者提供最客观、真实、准确的国内外农业市场信息、农产品价格预期以及各种相关历史数据[4]。

2. 工作机制

澳大利亚农业部设有 21 个局（办公室、委员会）、4500 名全职员工，主要负责农产品数据统计、澳大利亚食品统计、国内外渔业统计、生物安全统计等有关农业基础信息的收集与整理等；澳大利亚统计局在农业领域主要负责采集一般性农业统计资料（27大类）、牲畜和畜产品信息、农作物和牧场信息、农业用地信息、农业金融统计和产品价值信息等；联邦科学与工业研究组织在农业信息采集和监测方面，通过开发和应用澳大利亚社区气候和地球系统模拟器系统，实现对澳大利亚重点生态系统的长期监测，并提供有关物种分布、潜在碳存储和交换及气候变化等方面的数据信息；澳大利亚气象局主要开展气象、水文、海洋等方面的数据信息采集、分析利用和灾害预警与预报等工作[4]。

3. 农业展望大会及展望报告

1）农业展望大会

澳大利亚农业展望大会分为全国农业展望大会和区域农业展望大会。全国农业展望大会自1971年以来已连续举办了45届，每年3月初在首都堪培拉国际会议中心召开，并发布《澳大利亚农业展望报告》，模式基本固定，变化的仅是每年的热点和专题。会议内容包括主要农产品分品种展望研讨、农业展望数据采集与处理、农业气象数据应用、展望模型构建、全国性与区域性数据协调等。

区域农业展望大会每年在不同地区、不同时间举办。ABARES的研究学者和在该区域内从事农业相关行业的专家在把关键农产品市场信息预测结果提供给农业生产者的同时，还就新兴热门行业的机遇挑战、自然资源管理、人力资源和水利资源等问题进行讨论，以期给农业生产者带来全方位的信息资源。参会人员不仅可以了解农产品价格产量预测、分品种行业发展方向和国内外农业市场改革趋势的相关信息，还可以了解更健全、更科学的市场分析方法。

2）农业展望报告

目前，澳大利亚ABARES每年定期或不定期地发布20余种农业展望和监测预警信息报告，既包括常规的长期展望报告，也包括中短期展望报告，有代表性的主要是《澳大利亚作物报告》和《农业大宗商品报告》。

《澳大利亚作物报告》是一项对主要农作物未来种植面积、产量等进行预测评估的常态化报告，自1972年以来每年2月、6月、9月、12月在其官网进行公开发布。《澳大利亚作物报告》每期报告首先会对当年夏季作物和冬季作物的产量走势进行概括，研读气候和种植条件，并对上一季度农作物产量情况进行回顾更新，评价上期报告预测结果，总结误差原因，分析影响单产的各因子变化情况，最后根据澳大利亚统计局提供的历史基准数据，以州为单位，对下一季度农作物产量作出新的预测。

《农业大宗商品报告》偏重于对农产品中期价格的预测，每年发布 4 次。其中，6 月、9 月、12 月份发布报告的内容主要包括小麦、油籽、糖料、棉花、牛肉、羊肉、羊毛和奶制品未来一年的产量和价格走势，并对世界主要国家和地区的农业进出口、农业贸易政策和分品种的农业供给需求变化作出归纳判断。而 3 月份发布的报告增加了园艺、猪肉、鸡肉、渔业等内容，预测时间也由 1 年延长至 5 年，通过对未来国际市场上大宗商品的价格、消费、产量和贸易状况进行宏观预判，加之对本国气候、经济、金融市场和生产力变化情况进行综合分析，最终得出中短期内全国农业市场发展方向。该份报告的亮点在于作为农业贸易大国，ABARES 在进行农产品产量、价格预测的时候，引入了更多国际性的外部因素[4]。

三、OECD-FAO 世界农业展望发展概况

多年来，世界粮食市场价格波动频繁，区域性粮食危机时有发生，全球粮食安全面临挑战。为发挥信息对全球农业生产、农产品消费与贸易的引导作用，OECD 和 FAO 从 2005 年起联合开展世界农业展望工作。每年举行 1 次世界农业展望大会并发布《世界农业展望报告》，形成了比较完整的展望方法和技术体系。

1. 工作机构

世界农业展望由 OECD 和 FAO 联合举办，并专门成立了 OECD-FAO 农业展望秘书处统筹工作。该秘书处负责农业展望的数据采集、分析和发布，成立了多个分析团队。同时，OECD 成员国、世界银行、国际货币基金组织、美国农业部以及国际性研究机构与世界展望均有联系，为其提供数据和相关分析。

2. 工作机制

世界农业展望主要由 OECD-FAO 农业展望秘书处负责，OECD 与 FAO 多部门均参与了农业展望工作。农业展望的大部分工作是数据采集和分析工作，主要交由农业展望秘书处及其成立的分析团队负责。

世界农业展望的数据来源包括三个方面：一是针对展望的调查数据。包括OECD 调查获得的生产数据、供给数据、需求数据、预测数据；FAO 咨询的农产品分品种发展趋势数据、作物长势数据、气候变化数据、价格波动数据、政策影响数

据等。二是已有的统计数据。FAO 的统计数据库（FAOSTAT）是世界上最权威、最完备、最系统的农业信息监测数据库，主要包括农作物的收获面积、单产、产量、库存、进口、出口、消费、价格和成本等数据；畜产品的牲畜存栏量、肉产量、国内总产量、肉制品/乳制品库存变化量、活畜进口、活畜出口、食用消费量、价格和成本等数据。三是其他数据资源。在世界农业展望活动中，OECD 和 FAO 加强了与欧盟、世界银行、美国农业部及国际性研究机构等国际组织和有关国家（地区）的合作交流，强化农业生产、市场、贸易等数据资源共享。报告中的宏观经济指标和政策指标主要来源为联合国和世界银行的预测结果，人口数据则来自联合国人口展望数据库。

数据分析主要依靠 OECD 和 FAO 联合开发的 AGLINK-COSIMO 模型。该模型系统涵盖 50 多个国家（地区）模型，总计约 23 000 个方程，对粮食、肉类、奶类、禽蛋、水产品及生物燃料等 20 多类主要农产品的生产、消费、价格和贸易等市场情况进行中长期（10 年）基期预测和展望，并模拟、分析各种政策或其他外部冲击对各国及全球农产品市场的影响。该模型功能效果方面有三大特点。一是充分考虑联动效应。该模型能够体现农产品市场与国际宏观经济的联动性，能够体现世界各国区域间农产品市场的联动性，能够体现农产品分品种间的联动性。二是充分考虑各种政策效应。该模型能够模拟并评价宏观经济政策、农业生产政策、农产品价格政策和国际贸易政策等不同政策的实施效果，可为相关政策制定提供有益参考。三是充分考虑不确定性因素。只有兼顾未来 10 年资源、人口、科技、经济、社会等各种不确定性，才能保证预测展望的科学性[5]。

3. 世界农业展望报告

1）农业展望大会

OECD-FAO 联合召开的世界农业展望大会，每年 6 月 26～27 日在 FAO 总部罗马召开，形成了固定模式。一是举办展望报告新闻发布会。OECD-FAO 联合发布未来 10 年世界农业展望报告，并接受新闻媒体的采访。二是发布农产品分品种展望报告，包括发布谷物、油料、棉花、糖料、肉类、奶类、水产品等主要农产品分品种展望报告，详细分析每个品种未来 10 年的供求关系发展趋势。同时邀请不同国家、不同行业、不同领域的农产品分析预警专家共同讨论，允许大家发表不同观点。三是开展农业展望方法与技术研讨。围绕农业展望模型、市场监测预警技术、信息采集与处理技术等，开展学术研讨。四是开展热点专题讨论。研讨经济发展、政策导向、资源禀赋、气候变化、生物质能源、人口增长等因素对食品安全的影响。

2）农业展望报告

《世界农业展望报告》于每年年中发布，包含谷物、油料、棉花、糖料、肉类、奶类、水产品等主要农产品分品种展望报告，详细分析每个品种未来10年的供求关系发展趋势。其形成过程包括三个阶段：一是开展展望问卷调查及专家咨询。为撰写好每年的展望报告，OECD向成员国发放包括农业生产、市场供需及政策措施和未来商品市场发展状况等内容的问卷；FAO就未来农产品市场可能的发展趋势向国际货币基金组织、世界银行和联合国等主要经济组织和力量及内部的分品种商品专家征求意见。二是开展展望预测研究。OECD和FAO展望专家依靠强大的数据支撑和先进的展望模型，展望未来10年每一年度的农产品生产、消费、价格、库存、贸易等供需形势，并经多轮专家会商确定。三是发布《世界农业展望报告》。一般在每年6月26～27日于罗马召开的世界农业展望大会上，发布未来10年展望报告[5]。

第三节 农业展望的技术体系

农业展望的技术体系主要包括数据获取技术、数据处理技术、数据分析技术，具体为农业展望的技术工作环节主要包括数据获取、数据处理和数据分析三个方面。农业展望技术体系，如图7.1所示。

图7.1 农业展望技术体系

一、数据获取技术

获取数据是开展农业展望的前提，先进的数据获取技术是实现数据快速、准确和有效获取的保证。数据获取技术按获取的自动化程度分为自动获取技术和手动获取技术。数据获取技术体系，如图 7.2 所示。

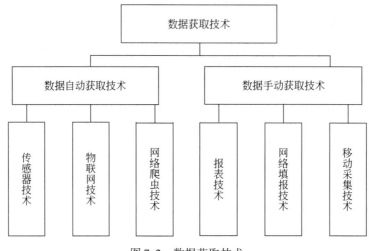

图 7.2　数据获取技术

1. 数据自动获取技术

数据自动获取技术是指综合利用信息技术、自动化技术和电子技术等手段，自动感知、搜索和提取数据，并实现数据的自动传输和存储。目前，应用较多的数据自动获取技术有传感器技术、物联网技术和网络爬虫技术。

1）传感器技术

传感器是一种检测装置，能感知被测量对象的信息，并将感知信息按一定规律变换成为电信号或其他所需形式的信息输出，通常由敏感元件和转换元件组成。在农业展望数据获取过程中，传感器主要应用于农业生产环境数据采集，如气象数据、土壤质量数据、气体数据等。气象数据采集常用的传感器有温度传感器、湿度传感器、雨量传感器、光照传感器、风速风向传感器等。土壤质量数据采集常用的传感器有土壤温湿度传感器、土壤水势传感器、土壤 pH 传感器、土壤盐分传感器等。气体数据采集常用的传感器有二氧化碳传感器、氨气传感器、硫化氢传感器、甲烷传感器等。

2）物联网技术

物联网是利用局部网络或互联网等通信技术把传感器、控制器、机器、人员和物等通过新的方式联在一起，形成人与物、物与物相联，实现信息化、远程管理控制和智能化的网络。物联网主要依靠其感知层获取信息，包括二维码标签和识读器、RFID 标签和读写器、摄像头、GPS、传感器、M2M 终端、传感器网关等。然后经传输层将获取的数据传至服务器存储。在农业展望中，物联网技术主要用于农业生产数据、价格数据和贸易数据采集。例如，利用各类传感器可以实时采集农业生产环境数据；利用 RFID、二维码标签、GPS 等可以跟踪记录农产品生产、价格、贸易等数据信息。

3）网络爬虫技术

网络爬虫，是一种按照一定的规则，自动的抓取万维网信息的程序或者脚本，已被广泛应用于互联网领域。搜索引擎使用网络爬虫抓取 Web 网页、文档甚至图片、音频、视频等资源。在数据大爆炸的时代，快速有效获取有用信息，是提高工作效率的必然要求。农业展望涉及农业生产、消费、贸易、政策、科技、人口等诸多信息，具有数据面广、数据量大、数据来源复杂多样等特征。因此，需要利用网络爬虫技术，从海量信息中识别有效信息并快速抓取。网络爬虫技术在抓取数据方面具有准确度高、速度快、采集量大等特征，已广泛应用于农业展望数据获取过程中。

2. 数据手动获取技术

数据手动获取技术是指主要依靠人工，辅以各种工具，进行数据调查、填报、整理等的方式方法。传统数据采集多利用人工进行，随着信息技术的发展，尤其是计算机和网络技术的普及，数据手动获取技术也有了新的发展，采集效率有了很大提高。目前，手动采集数据主要利用报表、网络填报和移动智能采集三种技术手段。

1）报表技术

报表是最为传统的数据获取形式。基层数据采集员将日常调查和收集的数据，填报到固定格式的报表中，然后向上一级主管部门报送。上级部门将报送上来的报表进行汇总，再报送给更高一级的部门。这样经过几级报送，就能获取不同地区、不同层级和不同部门的数据。在信息技术和互联网技术不发达的时代，数据获取主要依靠报表进行。随着技术的进步，计算机和互联网逐步应用到报表填送中，数据采集人员可以利用计算机辅助填报数据和进行数据分析，数据报送也可以利用互联网进行，大大提高了数据报送的效率。

2）网络填报技术

网络填报是指数据采集人员将采集来的数据，填报到互联网上相应的数据填报系统中，主要是利用管理信息系统相关技术。网络填报可以是本级填报，也可以是跨级填报，摆脱了传统报表层层传递的束缚。例如，一个县级数据采集员既可以将采集的数据填报到本级数据管理系统中，也可以直接填报到更高一级，如省级或国家级数据管理系统中。网络填报具有数据填报速度快、报送等级少、传播效率高的特点，因此得到广泛应用。

3）移动智能采集技术

移动智能采集技术是指以手机、平板计算机等智能移动设备为硬件平台，安装相应的数据采集软件，通过人工操作进行数据采集。移动智能采集技术充分利用移动智能设备的灵活性、便携性和智能性等特征，可以实现数据现场采集、远程传输和智能分析等功能。例如，中国农业科学院农业信息研究所开发的农产品市场价格采集设备，能够实现农产品种类、质量等级、价格、产地等信息的快速填报，并将所采集的信息传输至后台管理。目前，移动智能采集技术正在逐步推广使用，具有很大的发展潜力。

二、数据处理技术

在农业展望数据获取阶段，通过各种途径、方法收集到的数据涵盖自然资源、生产、消费、价格、贸易等领域。由于数据来源、采集方式、采集标准等方面的差异，普遍存在数据计量单位不统一、数据录入错误、数据缺失等情况。为了满足农业展望的分析需求，获取的农业数据应该是高质量的。所以在数据分析之前，需要对获取的数据进行规范化、完备化、可靠性处理，为分析阶段提供高质量的数据支撑。数据处理技术体系，如图7.3所示。

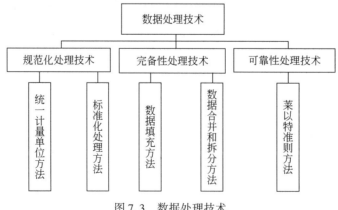

图7.3 数据处理技术

1. 规范化处理技术

1）统一计量单位

在数据获取阶段，由于获取途径的不同，造成数据的单位不同。例如，调查播种面积时，单位可以是亩、公顷、英亩、平方米、平方公里等，这些单位的选取一般带有一定的任意性，造成计量单位的不统一，如果不对数据进行统一处理，会导致农业展望的结果偏差或错误。

在数据处理阶段，进行统一计量单位，将描述同一个对象的不同计量单位统一为同一种计量单位，根据不同计量单位的换算关系，将数据统一为一种计量单位即可。

2）标准化处理

农业展望的分析涉及众多指标，如生产力水平、农业信息化水平、居民消费价格指数（consumer price index，CPI）发展趋势、居民收入水平等，各指标间水平相差较大，如果直接采用原始指标值进行分析，将使各指标以不等权参加运算分析，对分析结果造成偏差，一方面突出了数值较高的指标在综合评价中的作用，另一方面削弱了数值较低的指标在综合评价中的作用。

在进行数据分析时，需要对众多指标进行评价，把描述同一对象的不同方面的指标综合起来，得到一个综合指标，进而对整体进行评价。在多指标评价体系中，评价指标之间具有不同的量纲和数量级，在数据分析之前，需要原始数据进行标准化（normalization）处理。

数据的标准化、规格化，是一种通过数学变换来消除原始变量量纲影响的方法，主要方法有以下几种：

①直线型无量纲化方法

基本思想是假定实际指标和评价指标之间存在着线性关系，实际指标的变化将引起评价指标一个相应的比例变化。代表方法有阈值法、标准化法（Z-score 法）、比例法等。

a. 阈值法

阈值也称临界值，是衡量事物发展变化的一些特殊指标值，如极大值、极小值、满意值、不允许值等。阈值法是用指标实际值与阈值相比以得到指标评价值的无量纲化方法。常用算法公式有：

$$y_i = \frac{x_i}{\max\limits_{1 \leq i \leq n} x_i} \qquad (7.1)$$

$$y_i = \frac{\max\limits_{1 \leq i \leq n} x_i + \min\limits_{1 \leq i \leq n} x_i - x_i}{\max\limits_{1 \leq i \leq n} x_i} \qquad (7.2)$$

$$y_i = \frac{\max\limits_{1 \leq i \leq n} x_i - x_i}{\max\limits_{1 \leq i \leq n} x_i - \min\limits_{1 \leq i \leq n} x_i} \qquad (7.3)$$

$$y_i = \frac{x_i - \max\limits_{1 \leq i \leq n} x_i}{\max\limits_{1 \leq i \leq n} x_i - \min\limits_{1 \leq i \leq n} x_i} \qquad (7.4)$$

$$y_i = \frac{x_i - \max\limits_{1 \leq i \leq n} x_i}{\max\limits_{1 \leq i \leq n} x_i - \min\limits_{1 \leq i \leq n} x_i} k + q \qquad (7.5)$$

b. 标准化法

统计学原理说明，要对多组不同量纲数据进行比较，可以先将它们标准化转化成无量纲的标准化数据。而综合评价就是要将多组不同的数据进行综合，因而可以借助于标准化方法来消除数据量纲的影响。标准化（Z-score）公式为：

$$y_i = \frac{x_i - \bar{x}}{s} \qquad (7.6)$$

上式中：

$$\bar{x} = \frac{1}{n} \sum_{i=1}^{n} x_i \qquad (7.7)$$

$$s = \sqrt{\frac{1}{n-1} \sum_{i=1}^{n} (x_i - \bar{x})^2} \qquad (7.8)$$

c. 比例法

比例法是将实际值转化为它在指标值总和中所占的比例，主要公式有：

$$y_i = \frac{x_i}{\sum\limits_{i=1}^{n} x_i} \qquad (7.9)$$

或

$$y_i = \frac{x_i}{\sqrt{\sum\limits_{i=1}^{n} x_i^2}} \qquad (7.10)$$

以上介绍了三种常用的直线型无量纲化处理方法，这些方法的最大特点是简单、直观。直线型无量纲化方法的实质是假定指标评价值与实际值呈线性关系，评价值随实际值等比例变化，而这往往与事物发展的实际情况不相符的。这也是直线型无量纲化方法的最大缺陷。为了解决这个问题，很自然地想到用折线或曲线代替直线。

②折线型无量纲化方法

常用的有凸折线型、凹折线型和三折线型三种类型，现简单介绍一种用阈值法构造的凸折线型无量纲化法。常用公式如下：

$$
y_t = \begin{cases} \dfrac{x_i}{x_m} y_m, & 0 \leqslant x_i \leqslant x_m \\[2mm] y_m + \dfrac{x_i - x_m}{\max\limits_{1 \leqslant i \leqslant n} x_i}(1 - y_m), & x_i > x_m \end{cases} \tag{7.11}
$$

式中，x_m 为转折点指标值，y_m 为 x_m 的评价值。

从理论上来讲，折线型无量纲化方法比直线型无量纲化方法更符合事物发展的实际情况，但应用的前提是评价者必须对被评事物有较为深刻的理解和认识，合理地确定指标值的转折点及其评价值。

③曲线型无量纲化方法

有些事物发展阶段性的临界点不是很明显，而前中后各期发展情况截然不同，也就是说指标值变化对事物发展水平的影响是逐渐变化的，而非突变的。在这种情况下，曲线型无量纲化公式更为适用，常用的公式有：

$$
y = \begin{cases} 0, & 0 \leqslant x \leqslant a \\[2mm] 1 - e^{-k(x-a)^2}, & x > a \end{cases} \tag{7.12}
$$

$$
y = \begin{cases} 0, & 0 \leqslant x \leqslant a \\[2mm] \dfrac{k(x-a)^2}{1 + k(y-a)^2}, & x > a \end{cases} \tag{7.13}
$$

$$
y = \begin{cases} 0, & 0 \leqslant x \leqslant a \\[2mm] a(x-a)^k, & a < x \leqslant a + \dfrac{1}{\sqrt[k]{a}} \\[2mm] 1, & x \geqslant a + \dfrac{1}{\sqrt[k]{a}} \end{cases} \tag{7.14}
$$

$$y = \begin{cases} 0, & 0 \le x \le a \\ \dfrac{1}{2} - \dfrac{1}{2}\sin\dfrac{x}{b-a}\left(x - \dfrac{a+b}{2}\right), & a < x \le b \\ 1, & x > b \end{cases} \qquad (7.15)$$

无量纲化方法在使用时，尽可能选择适合于讨论对象性质的方法，不能不加考虑地随便选用一种方法。当然也可以选用几种，然后分析不同的无量纲化对结论会产生多大的影响。实际工作表明，不是越复杂的方法就越合适，关键在于是否切合实际的要求，在这个前提下，应该说越简单、越方便，越会受欢迎。

2. 完备性处理技术

在进行农业展望时，往往会碰到数据集不完整的情况，此时需要对不完整的数据集进行处理，使得展望的结果更加准确。数据集不完整包括两个方面：一是采集到的数据本身不完整，如统计年鉴某一年数据的缺失、无法利用技术手段获取到完整的数据等；二是获取的数据是完整的，但由于统计的对象进行了合并或拆分，需要将原来描述某几个对象的数据合并，如需要获取农村地区每百户电视机数量的数据，统计局网站的统计数据分为农村地区每百户黑白电视机的数量和农村地区每百户彩色电视机的数量，此时需要将这两个数据进行合并。

数据填充和数据合并（拆分）的方法有：

1）数据填充法

数据填充是指用数学的方法生成数值来填充空缺值，从而使数据完整。补充缺失值的方法主要有：

①使用均值或中位数填充

中心趋势度量指示数据分布的中间值，对于正常的（对称的）数据分布而言，可以使用均值填充空缺值，而倾斜数据分布应该使用中位数填充空缺值。均值一般采用条件均值，条件均值指将所有与该对象具有相同属性值的对象评价取得的，与所有数值的平均值有所区别。中位数是有序数据值的中间值。

②使用最可能的值填充

可以用回归、贝叶斯形式转化方法的基于推理工具或决策树归纳决定。例如，利用数据集中其他顾客的属性，可以构造一颗决策树，来预测农产品消费的缺失值。

③K 最近距离填充

先采用相关分析或欧式距离计算法计算出 K 个与缺失值对象距离最近的样本，将这 K 个样本的值进行加权平均，从而得出该对象的缺失数据。

④相似值填充

在目标数据集中寻找一个与待填充数据最相似的对象，用这个相似对象的数据值填充缺失值。

2）数据合并（拆分）法

在农业展望的数据处理过程中，经常会碰到由于处理对象的合并或拆分造成某些时间段上的信息缺失，此时，需要采用数据的分离或合并对数据进行处理，以形成完备的数据集。数据的合并相对简单，可以直接将数据求和即可。数据的分离相对复杂，在此介绍数据拆分的方法。

①比例拆分法

基于已有的数据，统计出缺失数据对象占对象的比例，按照此比例分离出历史数据。

假设 Y_i 为新对象的数据，X_i 为原对象的数值，新对象在原对象中的比例为 a，则计算公式为

$$Y_i = a \cdot X_i \tag{7.16}$$

②趋势类推法

充分利用已有数据，推算出待拆分对象的发展趋势，按照该趋势推出缺失的数据。

3. 可靠性处理技术

在农业展望的过程中，往往会碰到一些异常的数据，出现这些异常数据的原因主要有：一是信息采集者责任心不强、工作态度不认真，在采集数据时造成错误；二是监测采集设备运行异常，造成读数不准确；三是监测对象确实发生明显的变化，造成监测对象数据强烈变化。

在遇到数据异常时，不应该随意将其剔除，而应该对原始数据进行逐级检查，分析其存在的问题，如果是人为或监测设备故障导致的数据异常，则可直接将异常数据剔除。如果不是这两种原因，则采用特定的方法判断是否是异常数据。

"3σ" 准则（莱以特准则）是最简单的判别粗大误差的准则，这一判别的可靠

性为 99.73%。基本思路是：如果某数据集中只含有偶然误差，则偶然误差必然服从正态分布，如果其残余误差 V_i 满足条件 $|V_i| < 3\sigma$，则可判断该数值为非异常数值；而如果 $|V_i| > 3\sigma$，则可判定该数值为异常数值，应将其剔除。

三、数据分析技术

在进行农业展望的过程中，对经过处理的数据进行分析，进而得出未来 10 年的展望结果。数据分析技术体系，如图 7.4 所示。

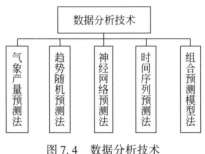

图 7.4　数据分析技术

1. 气象产量预测法

气象产量预测法主要是利用气象信息预测产量，目前，大范围作物产量预测已具有一定的准确性。气象产量预测法通常假设经济技术因子的变动是一个长期的、逐渐的和平稳的过程，认为可以用趋势产量来表示历年的农产品产量，而产量的波动则主要是取决于气象因子和随机因素，一般随机因素忽略不计。因此，气象产量预测法首先是分离趋势产量和气象产量，然后模拟分析和预测气象产量，最后结合预测的气象产量和趋势产量预测总产量。最常用的方法是利用时间序列方法对产量曲线进行模拟，拟合得到的产量为趋势产量，计算实际产量与趋势产量的差，得到气象产量。

2. 趋势随机预测法

粮食产量除受气候条件波动影响外，还受当地生产水平的影响。在我国，因科技和投入常呈趋势性变化，因此生产水平也常常出现趋势性变化，如果把生产水平变化引起的产量称为"趋势产量"，把气候变动原因所引起的产量变化称为"气候产量"，则作物产量可以分解成趋势产量、气象产量、其他随机误差等三项。通过作物产量预测模型，预测产量的变化。

3. 神经网络预测法

人工神经网络（artificial neural net，ANN）预测系统管理是人工智能最新方法之一。它模拟了生物神经元系统之间的复杂激励过程，由大量的被称为神经元的简要信息处理单元构成。这种方法能很好地处理原始数据的随机特性，它不需要对这些数据作任何统计假设，有较好的抗干扰能力，并且更善于处理因变量到自变量的非线性映射。BP神经网络模型用于非线性的复杂系统中有非常显著的优势：它不需要建立复杂数学模型，经过学习就能够建立样本隐含的复杂关系；具有很强的适应性和容错性，允许带一定噪声的数据输入；分布并行式的存储方式；非编程、自组织、自适应处理数据。因此神经网络特别适用于用常规计算方法难于表达的信息处理过程。

4. 时间序列预测法

时间序列预测方法是一种常用的方法，假设事物的过去和现在的发展变化趋向会继续延续到未来，不考虑因果关系，直接从时间序列统计数据中找出反映事物发展的演变规律，预测未来发展趋势。根据研究对象和数据资料的特点，采用不同的时间序列方法，如简单序时平均数法、加权序时平均数法、移动平均法、加权移动平均法、趋势预测法、指数平滑法和季节性趋势预测法。

5. 组合预测模型法

组合预测模型是当前较为流行的一种新的预测方法，它是采用两种或两种以上不同的预测模型对同一对象进行预测，对各单独的预测结果适当加权综合处理，得到一个包含有各种预测模型信息的新的预测模型的方法。组合预测模型聚集了各种预测方法所含的有用信息，从而具有对未来变化的适应能力，提高了预测的精度。

第四节　我国农业展望进展

早在20世纪70年代，中国就开始了农业信息监测体系建设。2002年中国农业信息监测预警制度建设开始步入专业化发展轨道，目前已经建立了比较完整的统计体系。

一、工作机构

中国农业展望由农业部市场预警专家委员会负责综合协调。其成员主要包括：国家发展和改革委员会农经司、国家发展和改革委员会经贸司、商务部市场运行与消费促进司、国家粮食局调控司，以及中国社会科学院农村发展研究所、上海交通大学、中国人民大学、对外经济贸易大学、中国农业大学、中国储备粮管理总公司、中国农业发展集团有限公司、农业部市场与经济信息司、发展计划司、种植业管理司、畜牧业司、渔业渔政管理局、农村经济研究中心、信息中心、农业贸易促进中心、中国农业科学院农业信息研究所、中国农业科学院农业经济发展研究所等单位。

二、工作机制

国家统计局、农业部、商务部和中国农业科学院农业信息研究所等单位负责相关数据采集。市场预警专家委员会组建的粮食、棉花、油料、肉、蛋、奶及蔬菜、水果等18个（类）农产品的分品种市场分析师队伍负责数据分析。中国农科院农业信息研究所主要开展农业信息监测预警理论与技术研究，构建预测模型，探讨分析预测方法。数据发布由市场专家委员会统筹，中国农科院信息研究所负责具体发布事宜。历年《中国农业展望报告》，是由中国农科院农业信息研究所牵头，与农业部农村经济研究中心、农业部信息中心、农业部农业贸易促进中心等单位的专家学者共同完成。农业展望大会也由中国农科院农业研究所主办及承办。

三、农业展望大会及展望报告

1. 展望大会

近年来，相关领域内的国际交流和合作也不断加强。2011年，中国农业科学院农业信息研究所（简称信息所）承担了FAO技术合作项目"加强中国农产品市场监测和农业展望能力"。从2012年起，每年派出3名专家参加世界农业展望报告的撰写工作，将我国农业未来发展理念和趋势判断渗透到报告之中。农业部组织专家建立了稻谷、小麦、玉米、大豆多种农产品的供需平衡表，并从2014年2月起向

AMIS（G20 集团农业市场信息系统）提供月度供需预测展望报告。2013 年，信息所承办了 2013 世界农业展望大会，2014 年又主办了首届中国农业展望大会。至今，我国已连续举办 2 届农业展望大会。

未来，中国农业展望大会，于每年 4 月召开，主要内容包括三个方面：一是发布农产品分品种展望报告，包括发布谷物、油料、棉花、糖料、肉类、奶类、水产品等主要农产品分品种展望报告，详细分析每个品种未来 10 年的生产、消费、价格和贸易发展趋势。同时邀请不同国家、不同行业、不同领域的农产品分析预警专家共同讨论，允许大家发表不同观点。二是开展农业展望方法与技术研讨。围绕农业展望模型、市场监测预警技术、信息采集与处理技术等，开展学术研讨。三是开展热点专题讨论。研讨经济发展、政策导向、资源禀赋、气候变化、生物质能源、人口增长等因素对食物安全的影响。

2. 展望报告

农业展望报告一般以农产品为对象，包括谷物、棉花、油料、糖料、肉类、禽蛋、奶类、蔬菜、水果等，对展望期内各品种的生产、消费、贸易、价格等信息进行预测。我国在农业展望领域发展迅速，2013 年，由联合国粮农组织和经合组织联合主办，中国农业科学院承办的 2013 世界农业展望大会在京开幕，本次大会主题为"全球视角下的农业展望"，大会重点发布了《OECD-FAO 农业展望报告（2013—2022）》，并就中国农业展望进行了讨论。2014 年，首届中国农业展望大会在京召开，大会发布了《中国农业展望报告（2014—2023）》，展望大会以农业中长期展望报告发布及 18 场专题报告形式，围绕当前及今后 10 年我国农产品生产、消费、市场走势进行了信息发布与研究成果交流。2015 年，中国农业展望大会在京召开，大会发布了《中国农业展望报告（2015—2024）》，对 18 个品种未来 10 年的生产、消费、价格、贸易走势进行了展望，并对中国农业支持政策、农产品价格、农业资源环境、农业技术创新、农业大数据、农产品贸易 6 大热点问题进行了研讨。《中国农业展望报告（2015—2024）》指出，未来 10 年农业生产将继续稳步发展，国家粮食安全能够得到切实保障，农产品消费保持增长，农产品价格总体温和上涨，农产品发展质量将明显提升，国内外农业互动融合明显增强。

本章参考文献

[1] 中国农业科学院农业信息研究所 . 农业展望的内涵、作用和意义 . 农产品市场周刊, 2015,

16：40.

［2］许世卫，李哲敏，李干琼．美国农业信息体系研究．世界农业，2008，1：44-46，54.

［3］许世卫．美国农产品信息分析预警工作考察报告（上）．农产品市场周刊，2012，20：57-61.

［4］市场与经济信息司．澳大利亚开展农业展望的基本做法．农产品市场周刊，2015，（16）：43，44.

［5］市场与经济信息司．OECD-FAO 世界农业展望的方法与技术．农产品市场周刊，2015，16：41.

第八章 农业信息服务机制与模式

农业全程信息化的发展与农业信息服务机制模式的构建息息相关。通过对比国内外农业信息服务的现状，总结我国农业信息服务发展的问题，在此基础上探讨我国农业信息服务机制模式，并提出提升我国农业信息服务水平的对策建议，为我国农业全程信息化的发展提供参考（本章内容主要参考章后文献［1–3］）。

第一节 国外农业信息服务的基本做法

目前，国外一些农业发达国家已经构建了较为完善的农业信息服务体系，尤其以美国、澳大利亚、日本、欧洲等发达国家和地区为代表，农业信息服务体系基本成型，极大地促进了农业信息化的发展。

美国以政府为主体，以国家农业统计局、经济研究局、世界农业展望委员会、农业市场服务局和外国农业局五大信息机构为主线，构建了涵盖国家、地区、州的三级农业信息网，形成了完整、健全、规范的农业信息服务体系。

德国在政府强力推动和大力参与的背景下，在广播、电话、电视等通信技术在农村地区普及的基础上，利用计算机登记每块地的类型和价值，建立村庄、道路的信息系统，逐步发展成为目前较为完善的农业信息处理系统，为各级主体提供高效的农业信息服务。

法国具有多元化的信息服务主体，国家农业部、大区农业部门和省农业部门负责向社会定期或不定期地发布政策信息、统计数据、市场动态等，企业开展信息服务，社会组织进行监督。在法国农业部的《农业网站指导》中收录的具有代表性的涉农网站有 700 多个，为农业信息服务提供强大的数据支撑。

澳大利亚政府和各类涉农组织都注重农业信息资源的挖掘和加工整理，形成了丰富的农业信息资源。其农业信息网络提供国内外所有的市场动态信息、农业科技信息、自然与气象信息、农业政策法规信息和相关行业信息等。

日本建立了农业技术信息服务全国联机网络，借助公众电话网、专用通信网和无线寻呼网，把大容量处理计算机和大型数据库系统、互联网网络系统、气象预报系统、温室无人管理系统、高效农业生产管理系统以及个人计算机用户等联结起来，提供农业技术咨询、文献摘要查询、市场信息服务、病虫害情况与预报、天气状况与预报等信息。

第二节　我国农业信息服务的现状分析

随着社会的发展和技术的进步，信息技术与农业服务的高度融合成为现代农业信息服务的发展方向。我国农业信息服务虽然起步较晚，但发展较快，尤其是近几年的飞速发展，为农业全程信息化建设提供了基础和保障。

一是农业信息服务基础设施逐渐完善。以国家"村村通"工程为基础，我国农村的交通、电话、有线电视、互联网等基础设施逐渐完善，为农业信息服务的发展奠定了基础。2012 年，全国农村居民家庭平均每百户电视机拥有量已经达到 118.3 台，拥有固定电话 42.2 部，移动电话 197.8 部，拥有计算机 21.4 台，广播节目人口覆盖率达到 97.5%，电视节目人口覆盖率达到 97.6%，98% 以上的农村已通公路。这些农村基础设施的发展与完善，保障了信息服务的有效运行。

二是农业信息服务技术手段快速发展。首先，农业政务服务快速普及。依托国家"金农工程"项目，初步建成国家农业电子政务支撑平台、国家农业数据中心以及覆盖多级农业部门的门户网站群，先后开通 40 余条部省协同信息采集渠道，上线运行涉及数据采集、形势会商、业务监管、行政审批、应急指挥等多个方面的大量信息系统。在"金农工程"的带动下，各级农业部门相继建设并启用了大批电子政务信息系统，有效地推动了农业行政管理方式创新，农业部门监管经济运行能力、决策能力和服务"三农"水平明显提高。其次，农村信息服务范围不断拓展。目前，初步形成了以"12316"热线为纽带，集网站、电视节目、手机短（彩）信等多种手段相结合的信息服务格局。据统计，"12316"平台已覆盖全国 1/3 的农户，成为农民和专家的直通线、农民和市场的中继线、农民和政府的连心线，初步实现服务体系横向跨省联通、纵向延伸乡村，对内融入各类农业公益服务，对外接入便民服务和电子商务，支撑信息精准到户、服务方便到村。最后，农村经营服务继续延伸。以电子商务为载体的新型经营服务模式，在农产品进城、工业产品下乡过程中，向乡镇、村庄延伸的速度不断加快，使广大农村地区享受到了方便快捷的商业服务。

三是农业信息服务体系逐步健全。首先，农业信息服务机构逐步健全。从中央到地方均有完善的农业服务管理体系，全国32个省级农业行政主管部门（含新疆生产建设兵团）均设立了信息化行政管理机构或信息中心，超过55%的县设立了农业信息化行政管理机构，39%的乡镇设立了农业信息服务站，22%的行政村设立了信息服务点。其次，农业信息服务队伍逐渐扩大。农业部启动信息进村入户工作为农业信息员队伍建设带来了新的发展机遇，全国逐渐建立了以村级信息员、农技员和区域性行业专家为主体的信息服务团队，全面覆盖部、省（市、区）、地（市、区）、县（区）、乡（镇）、村六级服务体系，全国专兼职农村信息员超过18万人。最后，农业信息服务技术体系得到进一步加强。以"12316"热线及短彩信、涉农网站、移动APP、农技推广体系等为载体的现代信息服务手段，在农业生产、农村发展和农民生活过程中，逐步形成了配套兼容、相互融合、关联互动的技术体系，并且仍在继续熟化之中。

第三节　我国农业信息服务的问题导向

虽然我国农业信息服务取得了重要进展，但是和"四化同步"的要求相比、和农民的期盼相比、和信息技术的日新月异相比，仍然存在一些问题，主要体现在顶层设计、统一标准、城乡统筹、精准服务、机制建设等方面。

一是资源整合不够，缺乏顶层设计。我国农业信息服务在历史发展过程中，缺乏全国层面的顶层设计，各部门之间相对独立，难以统筹协调推进信息服务，各涉农部门间常出现各自为政、条块分割、各行其道的局面，在一定程度上造成了人力、物力、财力的多重浪费，造成了资源的巨大闲置，给农业信息服务的资源整合造成了巨大的困难。

二是技术规范不一，缺乏统一标准。由于我国农业信息服务尚处在起步阶段，服务的技术、方法、路径以及机制、模式都处在探索之中，没有形成配套的操作规程和技术标准，容易造成数据异构、兼容性差、融合困难等问题。

三是区域均衡较差，缺乏城乡统筹。我国经济社会发展的不平衡性，同样表现在农业信息服务领域。区域间的不平衡，既有不同行政区划间的差异，也有城乡之间的反差。例如，河南作为农业大省，互联网普及率仅为 30.4%，在全国内地 31 个省份中排名 28；河南省城镇居民中互联网普及率已经达 6 成，而农村地区目前只有 23.7%。区域差异、城乡差别迫切需要农业信息服务在基础设施、服务手段、服务内容等方面予以统筹和协调。

四是信息匹配不够，缺乏精准服务。目前，农业信息服务的信息供给与需求存在不匹配的现象，不仅包括公益服务信息，还包括农产品市场信息。在市场机制越来越发挥重要作用的背景下，促进农产品、农业生产资料供需信息的有效衔接，迫切需要实现智能服务、精准服务和智慧服务。

五是服务机制不全，缺乏可持续性。我国农业信息服务机制还不健全，在农业信息服务的建管、运行、推进过程中，缺乏可持续性。在建管机制方面，缺乏统一规划，主体比较模糊；在运行机制方面，缺乏长效方案，利益分配不明；在推进机制方面，缺乏统筹部署，整体规划不清。

第四节　农业信息服务的机制模式探讨

农业信息服务机制是农业信息服务运行的制度保障，在总结我国信息服务问题导向的基础上，从农业信息服务的建管机制、运行机制和推进机制三个方面，创新性地提出符合我国国情的农业信息服务长效机制。

一、完善农业信息服务建管机制

逐步建成"全国统一规划、部省共建、省级统筹、县为主体、村为基础、社会参与、合作共赢"的农业信息服务建管机制，营造全社会共同参与的平台，联合相关主体力量，共同做好农业信息服务的建管工作。

农业部作为全国农业主管部门，要协调各部委，主导顶层设计、机制创新、数据资源和运行监管：主导顶层设计，就是要从总体目标、发展路径、建设内容、运行机制、技术体系、推进步骤等方面做好顶层设计，确保农业信息服务健康发展；

主导机制创新，寻找共同的利益交集，大胆创新、大胆实践，探索一批有效模式，形成一主多元、活力迸发的运行机制；主导数据资源，充分发挥农业信息服务收集数据、积累数据、共享数据的功能，牢牢把控数据的占有使用权、维护开发权和安全可控性，抢占"数据农业"制高点；主导运行监管，研究制定监管制度和配套监管措施，变大包大揽为动态监管，变事后追责为过程控制。

省级农业部门要在全国统一规划下，统筹全省农业信息服务工作。做好本辖区信息服务总体规划，搞好省域整体设计；制订信息服务实施方案，并指导该方案的具体实施，确保信息服务政策落实、方案落地、措施到位。

县乡农业部门作为信息服务的实施主体，要在省级农业部门指导下，具体开展农业信息服务工作，切实做好村级信息站与村级信息员的筛选、管理、考核等工作，积极探索新常态下信息服务的新方法、新模式、新理念。

二、创新农业信息服务运行机制

农业信息服务要综合考量公益服务与商业服务的本质属性，迫切需要探索可持续发展的市场化运作机制。目前，农业部正在推进的信息进村入户工作，提出了构建"政府+运营商+服务商"三位一体的运行机制。这种机制符合现阶段我国农业农村发展的实际，需要"大做特做"。

要坚持政府主导。政府作为农业信息服务的主导，是农业信息服务的主要推动力量，保障农业信息服务的可持续运行，要充分发挥政府的主导作用，自上而下，各级部门合力推动农业信息服务落地；要充分发挥政府的协调作用，协调信息服务各主体、客体之间的关系，确保信息服务的有效实施；要充分发挥政府的监管作用，制定有效监管机制，全面监督信息服务全过程，保障信息服务合理推进。

要探索市场化运营方式。发挥"服务商+运营商"模式在技术、人才、资金和信息基础设施等方面的优势，以合资合作等方式参与村级站和云平台建设，要创新利益置换模式，探索"羊毛出在牛身上"的利益置换模式，实现公益性服务与经营性服务相辅相成的可持续发展。

三、形成农业信息服务推进机制

构建"统筹规划、试点先行，需求导向、社会共建，政府扶持、市场运作，立足现有、完善发展"的推进机制，稳步促进农业信息服务工作。

  "统筹规划、试点先行"是指通盘考虑经济社会发展实际,尤其是农业、农村和农民根本要求,制订具有针对性的分步骤、分阶段实施规划,可以先行试点,探索路子,总结经验,然后逐步开展面上的推广工作。

  "需求导向、社会共建"是指要明确信息服务的真正需求,农民需要什么,企业需要什么,政府需要什么;以需求为导向,公益性服务由政府承担,商业性服务由企业承担;通过摸索利益分配、市场化运作等机制模式,构筑新型的利益置换方式,发挥市场在资源配置中的决定性作用,从而营造社会共建的良好局面。

  "政府扶持、市场运作"是指政府在信息服务过程中,要发挥主导、引导的作用,主导信息服务过程中的公益部分,引导信息服务过程中的发展方向、发展方式和发展路径。要在引入市场机制的基础上,创新市场运作方式,发挥企业在信息服务方面的技术、资金和人才优势,以市场化的方式保障信息服务的可持续发展,加强造血能力。

  "立足现有、完善发展"是指通过整合优化现有的信息服务资源、服务内容、服务队伍、服务技术、服务模式,适应"三农"发展的新要求、新常态、新局面,不断创新和完善,努力提高农业信息的服务水平,加快信息服务推进速度。

第五节　农业部信息进村入户的探索和实践

  2014年4月,农业部启动了信息进村入户试点工作,在农业信息服务方面进行了有益的探索和实践。到目前,成效已经初步显现,工作规程基本形成,为今后在全国全面推进奠定了良好基础。

一、信息进村入户成效初现

  农业部开展的信息进村入户工作,是践行"四化"同步的重要举措,是适应经济社会发展新常态的战略选择,是推动农业农村信息的择优路径。2014年4月份以来,农业部认真谋划,精心组织,选择北京、辽宁、江苏、浙江、湖南等10省(市)22县(市、区)开展了信息进村入户试点工作,并取得了重要阶段性进展。到目前,已有6省(市)初步探索出以企业为主体的运营机制,为粮食生产能力提高、农业结构优化、农业发展方式转变、农民增收和新农村建设作出了贡献。

1. 信息进村入户是挖掘粮食生产新潜力的助推器

解决好吃饭问题始终是治国理政的头等大事，手中有粮，心中不慌。保障粮食安全是一个永恒的课题，是推进农业现代化的首要任务，任何时候都不能松懈。2014 年，我国粮食产量 6.07 亿吨，实现"十一连增"。但是，国内粮食消费需求增长旺盛，农业生产资源约束加大、粮食生产利润屡创新低、农民种粮积极性持续低迷，保障粮食安全的难度和压力正在增加。当前和未来一段时期，必须面向整个国土资源挖掘面积潜力、依靠科技支撑挖掘技术潜力、以消费导向挖掘市场潜力、持续节本增效挖掘农民积极性潜力、合理使用化肥农药挖掘生态潜力。

信息进村入户工作通过 12316 热线、服务平台、信息站、信息员的立体服务，实现了"发通知、找专家、报农情、搞服务、卖产品"的功能，为农民找到农业专家、送来科技信息、谋划产品销路，激发了农民种粮积极性。信息进村入户工作，可以促进粮食生产对土地、灌溉水、化肥、农药的合理使用，实现农业资源的优化配置和农业生产的节本增效，提高了粮食综合生产能力。吉林伊通县 2 万多农户 740 万亩土地接受了信息进村入户的测土配方服务，增产粮食 29 267 万公斤，节约化肥 199.8 万公斤，增加纯收益 39 168 万元，对挖掘当地粮食生产新潜力起到了良好的助推作用。

2. 信息进村入户是开辟农业结构优化新途径的动力源

优化农业结构，是一项复杂的系统工程，也是一项长期的艰巨任务。既要理清大农业内部产业的结构配置，也要统筹国民经济产业之间的比例设定；既要立足农业发展的当前实际，也要着眼农业发展的未来需求；既要考虑我国传统农业的基本国情，也要借鉴发达国家的先进经验。优化农业产业结构，具体而言，就是要优化粮食生产结构、农业生产结构、农产品品种结构、农业产业结构、农业投入结构、农业区域结构、农产品质量结构、农资使用结构、农业科研转化结构、农产品消费结构、农业功能结构等。

信息进村入户工作以"信息"为纽带、以村级益农信息站为基点、以村级信息员为桥梁，促进了农业生产和农产品消费的有效对接，推动农民供需和市民供需的实时融合，实现了农村和城市的良性互动。从根本上讲，农业结构优化是一个以"信息"为导向的长期的历史进程，信息进村入户工作的"信息"，反映了城市居民和异地农民对于农产品数量、质量、品种、加工程度、产品特色、营养素、农业功能、乡村景色、用人用工等的需求，反映了当地农民对于农产品销售、外出打工、升学就业、农业政策、农资产品、家电产品、日常用品、金融服务、通信服务、求医问药、新农合等的需求，这两种市场"需求"的交换与融合，使"看不见的手"转变成有形的"信息"，促进了市场在资源配置中决定性作用的发挥，成为优化农业结构的方向标和动力源。

3. 信息进村入户是寻求农业发展方式转变新突破的催化剂

当前，我国农业处于从传统方式向现代方式转变的关键时期，农业长期粗放式经营积累的深层次矛盾逐步显现。转变农业发展方式就是由传统农业、粗放农业转变到数量质量效益并重、注重提高竞争力、注重农业技术创新、注重可持续的集约发展，走产出高效、产品安全、资源节约、环境友好的现代农业发展道路。简而言之，就是要转变农业的生产方式、经营方式和资源利用方式。

信息进村入户工作组织相关企业开展政企、企业合作，创新村级站建设与运营机制，探索"羊毛出在牛身上"的利益置换方法，催生了农业产业的新业态、新模式、新机制，加快了农业生产方式的转变。信息进村入户工作通过汇聚各类社会化服务资源、扶持各类生产经营主体，提升了农业产业化和组织化水平。北京依托14家蔬菜专业合作社建立专业"益农信息社"，利用"云农场"生产管理系统和电子商务平台，为社员免费提供从生产安排、农事管理、智能控制到冷链物流、社区配送、农产品质量安全追溯的全产业链服务，降低了生产成本，加强了农产品质量安全管控能力，培育了农业品牌，实现了优质优价，提升了市场竞争力，推动了蔬菜生产经营方式的转变。

4. 信息进村入户是获得农民增收新成效的及时雨

2014年我国农民增收实现了改革开放以来的首次"十一连快"，农民收入增幅将连续第5年超过城镇居民收入增幅，城乡居民收入比有望缩小到3∶1。当前，我国经济发展进入新常态，农业持续稳定健康发展的挑战日益显现，国内主要农产品价格超过进口价格，而生产成本不断上升，农民增收空间越发受到挤压。如何实现农民收入的快速增长，任务比任何时候都更加艰巨，必须进一步拓展农民增收新途径。既要深挖农业经营收入的潜力，又要加快农业剩余劳动力转移速度；既要加强对农民的补贴支持力度，又要落实农民各项财产权利；既要通过"接二连三"获取加工流通环节的利润，又要通过发展适度规模经营获取规模效益。

信息进村入户工作为新形势下农民增收提供了条件和保障。一是拓展了农产品销售渠道。销售方式由传统向现代转变，销售路径由线下向线上线下联合转变，销售信息由点点对接向面面对接转变，销售行为由现场体验向网络感知转变。二是提供了即时性的务工信息。农民可以通过信息站和信息员，获取实时的用工招聘信息，促进了农村剩余劳动力转移，增加了农民工资性收入。三是推动了惠农政策的真正落地。当前，惠农政策不断出台，惠农信息持续更新，村级益农信息站提供了充分的、完全的、动态的农产品价格、农民财产权利、生产补贴、保险补贴、民生补贴等政策信息，保障了农民的知情权，减少了政策信息的不对称，确保补贴真正落到农民手里。

5. 信息进村入户是迈出新农村建设新步伐的加速器

当前，农业是"四化同步"的短腿，农村是全面建成小康社会的短板。新农村建设任重而道远，要围绕"生产发展、生活宽裕、乡风文明、村容整洁、管理民主"五个方面，突出做好农村居住环境建设、基层民主建设、组织体系建设、文化建设和社会管理建设等工作，加快改善人居环境，提高农民素质，推动"物的新农村"和"人的新农村"齐头并进。

信息进村入户工作不仅带动了新农村建设的信息流，而且加速了新农村建设的物质流。信息流缩小了城乡数字鸿沟，缓解了"最后一公里"难题，成为提高农民素质的重要途径；信息站是农村面向外部世界的窗口，农民通过信息站提供的公益服务、培训体验服务，提高自身的科技素质、经营素质、文化素质、道德素质、法律素质、信息素质。物质流满足了城乡居民不同时间、不同空间和不同品种的商品需求，农民通过信息站提供的电子商务和便民服务，实现了农产品进城和工业品下乡，加速了农村的经济繁荣和社会发展。信息流带动物质流，物质流反馈信息流，物质流与信息流相互作用、相互依存、相互促进，加速了"人"与"物"新农村建设的和谐发展，推动了城乡一体化中国梦的实现。

二、信息进村入户工作规程

为推进信息进村入户工作，在认真总结试点工作的经验基础上，研究制定了

"信息进村入户工作规程（草案）"，以便在实际工作中有章可循、有标可依。"信息进村入户工作规程（草案）"共9章66条，其中：第一章为总则、第二章为村级信息站、第三章为村级信息员、第四章为12316标准化改造、第五章为农业部职责、第六章为省级农业部门职责、第七章为县级农业部门、第八章为其他主体职责、第九章为附则。具体内容如下：

第一章 总 则

第一条 为了全面做好信息进村入户工作，加快完善农业信息服务体系，切实满足农民群众和新型农业经营主体信息需求，根据农业部《关于开展信息进村入户试点工作的通知》（农市发〔2014〕2号）、农业部办公厅《信息进村入户试点工作指南》（农办市〔2014〕9号），制定本规程。

第二条 信息进村入户的总体目标，是促使农业信息服务体系进一步健全，农业信息服务"最后一公里"问题初步解决，农村社区公共服务资源接入水平明显提高，农业生产经营、技术推广、政策法规、村务管理、生活服务、权益保障及个人发展等各类信息需求基本得到满足，普通农户不出村、新型农业经营主体不出户就可享受到便捷、经济、高效的生产生活信息服务，农业农村信息化可持续发展机制创新取得明显成效。

第三条 信息进村入户的推进思路，是顺应农民对信息新需求、信息化与农业现代化深度融合新态势，以"统筹规划、试点先行，需求导向、社会共建，政府扶持、市场运作，立足现有、完善发展"为原则，以12316服务基础为依托，以村级信息服务能力建设为着力点，以满足农民生产生活信息需求为落脚点，切实提高农民信息获取能力、增收致富能力、社会参与能力和自我发展能力。

第四条 信息进村入户的重要意义，是用现代信息技术武装农民，是提高农民整体素质、激发农业农村经济发展活力；是用现代信息技术建设农村，让农民平等参与现代化进程、共同分享现代化成果；是用现代信息技术服务农业，推动农业转型升级、提升农业现代化水平。

第五条 信息进村入户的工作内容，是"发通知、找专家、报农情、搞服务、卖产品"。"发通知"是指把上级的政策、精神、文件等通知到农民群众，做到上情下达；"找专家"是指通过12316资源能够咨询到帮助农民解决生产生活中难题的专家；"报农情"是指把农业、农村和农民的动态发展信息及时报送上级部门，做到下情上报；"搞服务"是指做好农村公益服务和经营服务；"卖产品"是指农产品进城、工业产品下乡，以及相关商品交易。

第六条 信息进村入户的机制创新，是建成"全国统一规划、部省共建、省级统筹、县为主体、村为基础、社会参与、合作共赢"的建管机制，建立"政府+服务商+运营商"三位一体的可持续运行机制。合力推进信息进村入户，做到共建、共赢、共享，形成收益共享、风险分担的合作模式，最终实现让农民不花钱或少花钱就能得到实惠，服务商和运营商也能赚到钱。

第七条 信息进村入户的组织保障，是切实加强组织领导，建立农业行政管理部门牵头、涉农部门共同配合的协调推进机制，省级成立由政府分管领导或分管秘书长担任组长的领导小组，县级成立由分管县长担任组长的领导小组。领导小组全面负责本辖区内信息进村入户的推进工作，负责制定实施方案并组织实施、强化指导服务、加强监督检查。

第二章 村级信息站

第八条 村级信息站（简称村级站）分为三种：标准站、专业站和简易站。标准站要提供农业公益服务、便民服务、电子商务、培训体验服务四类服务；专业站主要依托新型农业经营主体建立，由带头人围绕生产经营活动为成员提供专业服务；简易站主要提供便民服务和电子商务，可在自然村或村民聚集区建立。

第九条 标准站要确保公益服务落地，商业服务搞活。在充分利用12316资源（语音电话、短信彩信、平台）的基础上，提供四类服务：

（一）农业公益服务。提供农业生产经营、技术推广、政策法规、村务公开、就业等公益服务信息的现场咨询、电话咨询、短彩信推送等服务；协助开展农技推广、动植物疫病防治、农产品质量安全监管、土地流转、农业综合执法等业务；开展涉农公益信息的采集和发布。

（二）便民服务。开展水电气、通信、金融、保险、票务、医疗挂号、惠农补贴查询、法律咨询等服务。

（三）电子商务。开展农产品、农资及生活用品电子商务，提供农村物流代办等服务。

（四）培训体验服务。开展农业新技术、新品种、新产品培训，提供信息技术和产品体验。

第十条　每个行政村不少于1个标准站（下文所说村级站一般是指标准站），积极鼓励发展专业站、简易站。县域专业站占村级站总数的比例不低于20%；简易站数量不限。

第十一条　村级站应符合"六有"标准，即有场所、有人员、有设备、有宽带、有网页、有持续运营能力。

（一）有场所。具有专门用于信息服务的场地，使用面积不少于30平方米。

（二）有人员。具有适当数量的工作人员，能够满足村级站业务工作的需要。

（三）有设备。配备计算机、专用电话、视频设备、打印机等设备，有条件的村级站可自行配备大屏幕、IPTV机顶盒等。

（四）有宽带。具有不低于4M的宽带，提供免费无密码的WIFI环境，可通过手机上网浏览信息、即时通信、下载更新软件等。

（五）有网页。利用全国平台（www.12316.cn）村级板块，建立本村的网页，并定期更新维护。

（六）有持续运营能力。具有一定的盈利能力，能够保障村级站的可持续运营。

第十二条　村级站的建设或认定，要充分利用现有设施和条件，重点在村委会、农村党员远程教育点、新型农业经营主体、各类农村商超及服务代办点中选择。

第十三条　村级站要在全国平台统一登记注册并依托其开展各类服务及经营活动。例如，统一使用村级站运营支撑管理系统，实现服务资源管理并开展日常经营活动。

第十四条　村级站要统一使用"益农信息社"品牌，标牌及标识由农业部统一设计（式样如下），各省市区负责制作，各县市区负责发放。

第十五条　村级站要强化农村基础信息采集与维护，特别是要开展普通农户、种养大户、家庭农（牧）场、农民合作社等信息收集，并协助开展农业生产、农村经济运行信息采集和发布。

第三章　村级信息员

第十六条　每个村级站应至少配备1名信息员。信息员是村级站的主人，具体承担村级站的日常工作。

第十七条　信息员要符合"有文化、懂信息、能服务、会经营"标准。有文化是指具有初中以上学历；懂信息是指熟练使用计算机等办公设备和互联网；能服务是指沟通能力强、服务态度好、有责任心；会经营是指具备商业经营能力，能够保障村级站持续运营。

第十八条　信息员要重点在村组干部、大学生村官、农村经纪人、合作社带头人、农村商超店主中选聘。

第十九条　信息员经上岗培训，考试合格后，方可持证上岗。利用农村实用人才、新型职业农民培训等现有培训项目资源，加大培训力度，提高信息员服务能力和水平。

第二十条　信息员要在全国平台统一登记注册并依托其开展各类服务及经营活动，完成村级站各项服务工作。

第四章　12316 标准化改造

第二十一条　12316 标准化改造的目标是，服务体系横向跨省联通、纵向延伸乡村，对内融入各类农业公益服务，对外接入便民服务和电子商务，支撑信息精准到户、服务方便到村。

第二十二条　12316 标准化改造的主要内容是，整合农业服务资源，建立农业服务队伍；完善 12316 热线和短彩信系统，构建 12316 云平台；丰富服务内容，创新服务手段；推动与其他服务体系相融合，促进 12316 向村级延伸。

第二十三条　启用用户实名管理系统。建立各级农业部门、专家及服务队伍目录体系并建立信息动态修正机制，整合服务资源。建立农业生产经营主体名录及分类体系，实现精准服务。

第二十四条　整合各类服务热线和投诉举报电话，统一使用 12316 短号码。推动 12316 短彩系统成为各级农业部门间沟通、部署业务及对外提供服务的平台。

第二十五条　强化服务队伍建设，建立以农技员和生产经营主体技术员为核心，省市县话务为保障，各类生产经营主体带头人为补充，区域性行业专家为支撑的信息服务团队。

第二十六条　推动 12316 信息服务与农技推广、村务公开、土地流转、农产品质量安全监管等服务体系的融合。

第二十七条　推动 12316 融入乡镇农技推广体系，建立"省级呼叫中心+各类专业专家和乡镇农技站远端座席"常规人工服务流程，由呼叫中心统一受理语音呼入，再根据需求就近转接相应专家或乡镇农技人员，在农技员与农民之间架起信息化沟通桥梁，方便农民就近找到专家，农技员有效对接农民需求。建立短信主动推送制度，利用12316短彩信或即时通信工具，实现天气、专业技术等信息精准到户。同时，为各级农业行政管理部门提供乡镇农技服务考核管理平台。

第二十八条 推动12316服务向村级延伸。村级站要统一接入12316语音直拨电话，实现农民在村级站拨打12316全免费。村级站要建立短信推送制度，利用12316短彩信或即时通信工具，实现政策、村务管理、农民教育和商务服务信息精准到户。

第二十九条 创新12316服务方式，积极支持各类基于移动互联的服务产品开发，逐步培育围绕单一品种、覆盖上下游产业链的自助交互服务和信息沟通群。

第三十条 整合各类农业部门的公益服务网站，形成统一对外服务窗口。全面构建覆盖部省地县乡村六级网站门户，按照统一的门户网站集群设计架构完成本省市县乡村网页站链接，重点完善县以下网页信息，并建立信息维护制度。

第三十一条 各级农业部门要掌握农业部门服务资源基本情况。重点包括信息资源、耕地、农户和新型经营主体等农业基础数据库，乡镇各类服务队伍，服务热线在内的各类服务手段，县乡村网站等情况。

第三十二条 各地要充分调动科研院所、高等院校、农业生产经营及各类企业的积极性，鼓励开发基于移动互联的信息服务产品，提高信息服务的针对性和便捷性。

第五章 农业部职责

第三十三条 负责信息进村入户的全面工作。采用先试点、后推广和分步骤、分阶段的方式，逐步在全国展开。

第三十四条 负责全国农业信息服务云平台（以下简称全国云平台）建设及运行维护。农业部将在充分整合各地、各有关企业较成熟的语音呼叫、短彩信、移动互联、网站门户、站点运营等系统的基础上，组织有关方面研究提出全国农业信息服务云平台建设方案。全国云平台将采用云计算、大数据等先进技术建设，兼顾利旧和新建，探索市场化建设和运维机制。

第三十五条 全国云平台公共模块主要包括12316呼叫调度系统、短彩信系统、移动互联支撑系统、门户网站集群、村级站支撑系统、用户实名制管理系统、农技推广专用模块、农业农村人才管理服务模块及新型职业农民培育模块等。

第三十六条　负责示范站评定并授牌。

第三十七条　负责信息员培训方案制订及培训教材编写等工作。

第三十八条　制定全国统一的涉农信息资源目录体系与交换标准，推动建立部门内外信息资源整合机制。

第六章　省级农业部门职责

第三十九条　统筹村级站选建工作，制定村级站管理办法，建立村级站登记、备案及管理考核制度，建立服务规范，明确公益服务职责、商业服务内容及标准、法律责任。

第四十条　统筹信息员选聘工作，组织信息员培训工作，制定信息员管理办法，建立信息员选聘、登记、备案、管理考核及权益保障等制度，明确信息员职责，制定信息员服务规范。

第四十一条　引入市场化运作机制，建立与运营企业的合作机制，明确各自的权利义务和法律责任，确定运营企业。建立运营企业考核评估标准和准入退出机制。

第四十二条　建立"三位一体"可持续、市场化的运营机制模式。"政府"负责公益资源整合，提供公益服务，协调建好信息高速公路；"服务商+运营商"发挥在技术、人才、资金和信息基础设施等方面的优势，以合资合作等方式参与村级站和云平台建设与运营。

第四十三条　推动电信运营商、生活服务商、平台电商、金融服务商、系统集成商、信息服务商等企业参与信息进村入户工作，发挥各类企业在技术、人才、资金和信息基础设施等方面的优势，以合资合作等方式参与村级站和云平台建设与运营。

第四十四条　建立运营企业与村级站利益共享、风险共担的组织关系和运营机制，支持运营企业以市场化方式整合便民服务资源。

第四十五条　统一使用全国云平台资源，配合开展已有信息服务系统切换、接入和相关信息资源导入，并可在公共模块外开发特色服务系统。

第四十六条　明确云平台运营企业的权利义务和法律责任，建立云平台运营企业与各省市村级站运营企业协同机制。

第四十七条 积极争取本级财政扶持，制定本省（市、区）政府购买服务的投入保障机制，包括村级站的扶持标准、信息员的补贴标准。

第四十八条 建立农业基础数据采集制度、信息资源共建共享机制和相应管理制度。

第四十九条 建立农业管理部门、专家及服务队伍目录体系并建立信息动态修正机制，建立农业生产经营主体分类体系。

第五十条 整合省域涉农信息资源，推进12316标准化改造，建立12316语音服务规范、短彩信应用管理办法。

第五十一条 建立或完善本级12316呼叫中心，实现12316热线全域开通，移动、联通、电信全网接入，7×24小时语音全天候和7×8小时全人工服务。已建立省级呼叫中心的，要进一步完善；未建立省级呼叫中心的，与农业部统筹并接转。呼叫统计数据实现每小时与农业部同步一次。

第七章 县级农业部门

第五十二条 作为信息进村入户的实施主体，负责落实农业部、省级农业部门的部署和要求，具体承担本辖区内的相关工作任务。

第五十三条 组织实施村级站选建工作，包括遴选、认定、管理和考评，审定合格后，报省级农业部门备案。

第五十四条 组织实施信息员选聘工作，包括遴选、认定、管理和考评，审定合格后，报省级农业部门备案。负责村级信息员的统一管理，并指导信息员开展公益性服务。

第五十五条 负责信息员的上岗培训、业务培训以及素质培训，指导信息员对村级站网页进行更新。

第五十六条 积极落实配套资金，制定本县（市、区）村级站、信息员的补贴标准，并组织实施。

第五十七条 负责12316信息服务与农技推广等乡镇服务体系融合工作。积极探索乡镇农技站与村级站的互助合作关系，充分发挥乡镇农技员技术优势，为农民提供多种形式的技术咨询和培训。

第五十八条 利用村级站实体网络优势，发展农业电子商务和农村物流，积极协调水电气、金融保险、票务、医疗挂号等基本公共服务资源接入，为农村信息员提供创业条件，增强站点自我造血、自我发展能力。

第五十九条 加强以合作社方式实现村级站的社会共建和市场运行。

第六十条 调动地方和基层有关部门的积极性，重视农民体验并充分调动其参与积极性。

第八章　其他主体职责

第六十一条 村委会与运营企业共同提出村级站选建、信息员选聘的建议名单。

第六十二条 村级组织要积极配合县级农业部门，在站点建设、人员配备、日常管理等方面的组织协调作用。

第六十三条 运营企业要开展信息员专项培训并指导其开展经营性服务。

第六十四条 服务商（包括电信运营商、生活服务商、平台电商、金融服务商、系统集成商、信息服务商等）负责提供各类商业服务和通道，通过扩大市场规模获得收益。

第六十五条 运营商综合利用通道和信息高速公路整合各类公益和商业服务，从服务商获得利润分成，为农民提供免费或低价服务。

第九章　附　　则

第六十六条 本规程自⑥⑥　　年⑥　月⑥　日起执行。

第六节　我国农业信息服务的对策建议

一、强化农业信息服务手段，构建现代农业管理模式

把农业信息服务作为新时期推进现代农业建设的重要抓手，构建现代化的农业管理模式。农业发展进入新阶段以后，现代农业建设面临的国内外环境、主客观条件都发生了重大变化，传统的农业工作方式方法越来越不适应市场化、信息化快速发展的农业新常态，亟须构建现代化农业管理模式。农业信息服务可以成为新阶段以农业信息化引领农业现代化的重要突破口，也是农业部门在推进现代农业建设过程中能够抓得着、用得上、见效快的重要着力点。各级农业部门应该从构建现代化

农业管理模式的战略高度，把农业信息服务作为"调结构、转方式"的重点工作，着力解决农业信息服务机构位势不高、体系不全、人员不足、投入不够等问题，深入探索和构建用信息指导生产、引导消费、平衡产销和政策决策数据化、政策落实精准化的现代农业管理模式，形成指挥农业生产的作战地图和指挥平台。

二、加大信息服务投入力度，优化农业投资结构方向

把农业信息服务作为优化农业投入结构调整的重要方向，充分发挥财政资金的撬动作用。经过 21 世纪以来 10 多年的努力，我国的支农惠农政策体系不断完善和发展，农业投入连续增长，为保持农业发展好势头奠定了坚实基础。但随着经济发展进入新常态，财政收入增速下降必然影响农业投入总量增长和结构调整，有限的资金往哪里投、如何才能发挥乘数效应，是当前农业投入结构调整的难点问题。在继续保持生产性投入稳定增长的同时，要把信息进村入户作为财政农业投入增量的重要方向，发挥财政资金的撬动作用，通过"四两拨千斤"的方式、信息聚合提升生产要素的模式、信息化助推"弯道超车"的路径，应该成为新时期农业投入政策的重要内容。

三、适应信息服务新常态，催生社会资源凝聚效应

把农业信息服务作为引导社会资源支持农业的重要载体，形成信息化带动农业现代化的良性机制。在经济发展新常态下，社会资本投入农业逐渐成为趋势，但也引发了各界对由此导致的土地"非粮化""非农化"的担忧。这一方面说明工商资本投入农业确实需要深入研究、明确规范，另一方面也说明当前农业发展缺少合适的资本载体。农业信息服务不仅能够成为寻求投资农业的资本载体，而且具有吸引更多社会资源集聚发展的潜力，是构建信息化带动农业现代化良性机制的重要切入点。要深入挖掘农业信息服务的营利点和营利空间，成为农业部门和各地吸引工商资本投入农业的首要项目推介，成为各类社会资源在农业领域寻求资本增值的首选投入领域，实现信息流引领技术流、资金流、人才流向农业农村汇集，促进城乡一体化发展。

四、整合信息服务数据资源，构建国家农业大数据

把农业信息服务作为整合各类农业信息资源的重要平台，建设全国农业大数据

中心。"谁拥有了数据，谁就拥有了未来"。未来农业的发展必然是"数据农业"，依靠数据获取来感知农业，依靠数据处理来分析农业，依靠数据应用来管理农业。农业信息服务是个广覆盖、低成本、高效率的农业数据获取渠道，持续不断地深入推进几年以后，完全有可能积累成反映我国农业农村发展全貌的农业大数据。如果能以此为契机，提前规划和布局全国农业大数据中心，不仅能够避免农业信息化过程中硬件重复建设、软件重复开发导致的资源浪费，而且以全国农业大数据中心为支撑的超级云平台，将真真切切为我国现代农业插上信息化的翅膀。

本章参考文献

[1] 谢智勇，林羽．信息技术在畜牧业中的应用与思考．福建畜牧兽医，2011，2：33-36.

[2] 杨信廷，钱建平，孙传恒，等．农产品及食品质量安全追溯系统关键技术研究进展．农业机械学报，2014，11：212，222.

[3] 王人潮，黄敬峰，史舟．信息技术在农业中的应用及其发展战略．浙江农业学报，2001，1：3-9.

第九章　农业全程信息化存在的问题与政策建议

立足现在，综合分析农业全程信息化发展的趋势，考量制约我国农业全程信息化的因素及现阶段的发展问题，提出提高农业全程信息化水平的政策建议。

第一节　未来趋势

信息技术是信息化的基础和前提，引领着现代农业的发展方向，在农业现代化进程中具有广阔的应用前景[1]。未来5~10年，世界发达国家信息技术的发展与引领作用将日益增强，农业现代化将会达到一个新水平和新阶段。信息技术在农业全程的应用将呈现如下发展趋势。

一、新兴信息技术在农业中的应用将更快、更普及、更有效

从传统农业向现代农业转型，是一个漫长的历史进程；在这个历史进程中，农业对信息技术的需要将更加强烈，信息技术的应用水平也将代表现代农业发展的基本方向，催生农业生产方式的根本变革[2]。未来5~10年，信息技术日新月异，新兴技术将不断涌现，在农业中的应用时滞将会大幅度缩短，成果转化将迅速在大范围内普及。

二、移动互联、大数据、云计算将成为农业生产经营管理的新工具

新术语、新概念、新名词不断出现，展现了现代信息技术的强大生命力以及广

阔发展前景。"互联网+"又赋予了新的历史使命，新亮点、新思路不断涌现。目前，随着物联网、大数据、云计算、可穿戴等技术在农业中的快速应用，未来5~10年将会迅速普及，成为实现农业生产、经营、管理信息化的新工具、新常态。

三、物联网将在农业生产、质量安全管理领域发挥重要作用

物联网技术和农业生产过程、流通过程具有天然的融合性，表现在过程的感知、过程的传输、过程的控制、过程的应用等方面。未来5~10年，物联网技术将在生产中实时感知光温水气、土壤肥力、生命本体、生长微环境、极值环境等数据，实现动植物生产的精细化操作；在农产品质量安全监管过程中，利用RFID、电子标签等技术，实现从田间到餐桌的全过程溯源。

四、大数据技术将为政府农业宏观管理提供决策依据

农业生产流通和消费的过程，既是一个物质流的过程，也是一个信息流的过程[3]。基于计算机科学视角，更是一个数据采集、传输与应用的过程。用大数据的思想来感知农业、分析农业、管理农业，是未来农业发展的必然趋势。未来5~10年，数据获取的技术方法将更多地依靠物联网、移动终端、遥感等技术，实时感知生产、市场和消费的即时信息；传统的数据分析和处理将会更多地依靠大数据技术，对获得的即时数据、历史数据、预测数据进行分析研判、预测预警，准确把握农业运行规律，为政府宏观调控提供决策依据。

五、云服务将会渗透到农业产加销的全过程

在农业生产、经营、管理与服务的全过程之中，必然产生大量的数据。如何管理数据、应用数据，农业云计算、云存储、云服务等技术应运而生，云服务主要包括PaaS、IaaS、SaaS。未来5~10年，随着生产经营的规模化、集约化进一步发展，数据积累呈爆炸式增长，农业生产加工企业、农场主、合作社和行业协会等市场产销主体将更多地依靠云服务，实现数据的虚拟化、分布式存储和管理，降低了信息化的软硬件成本。

六、农业装备智能化水平将显著提高

传统农业的改造，迫切需要劳动力从繁重、繁杂、繁琐的农事操作中解放出

来，实现向现代农民的根本转变；农机与农艺的完美结合，是农业机械化水平的重要标志，是农业现代化发展的必然要求。未来 5～10 年，农业播种、管理、收获等农事操作机械化、自动化的普及率将进一步上升，农业装备的大型化与小型化、专用化与集成化将形成相互补充的系列产品，无人飞机、农业机器人、无人驾驶农机具、智能喷药施肥器械将得到初步应用。

七、农田信息多尺度获取技术将充分应用

实时感知基本农情，动态监测农田变化，是做好国家粮食安全监测预警的基础性工作。信息技术的突飞猛进，为在多空间尺度、多时间尺度、多品种尺度上感知农田基本情况提供了技术支撑。未来 5～10 年，在获取装备方面，卫星、飞机、简易飞行器将会形成天地空立体监测模式；在获取技术方面，向多光谱、多极化、微型化和高分辨率方向发展；在获取内容方面，将动态掌握农情、灾情、墒情以及病虫害危害程度的实时变化情况。

八、信息服务将向智慧化服务模式发展

信息服务是信息采集、分析、处理和应用的出发点和归宿，是用不同的方式向用户提供所需信息的一项活动[4]。在"四化同步"的背景下，农业、农村和农民对各种生产、生活相关信息，具有差异化、个性化、精准化的需求。未来 5～10 年，随着移动互联技术的普及，信息服务在服务模式上，将由目前全面的标准化服务、少量的个性化服务向智慧化服务模式转变；在服务手段上，泛在智能移动终端将会快速发展；在服务内容上，将向全过程、全要素、全系统覆盖。

九、农业信息学科将不断细分，新兴交叉学科将不断兴起

学科的形成是某一项技术成熟的体现，并且建立了完善的理论方法和技术体系[5]。农业信息学是在信息技术应用农业过程中产生和发展起来的，随着我国农业现代化快速发展，信息技术将会更多、更快地应用于农业全过程、全环节、全领域。未来 5～10 年，学科建设将更加活跃，农业监测预警学、农业信息分析学、农业信息管理学、农业展望技术将成为重要的分支学科，理论体系、技术方法将会得到进一步发展和完善，逐渐成为新兴学科。

十、科研创新对农业信息化的支撑作用将更加显著

在一定程度上，信息技术具有较强的普适性，但和农业实践的结合，就需要其个性化、智能化。如何将信息技术更好、更快、更准地应用于农业、服务于农业，亟须科学研究的技术支撑。未来5~10年，对基础性、公共性、公益性等见效慢、投入大、收益低的关键技术，其政府投入力度将会加强；对于市场调节见效快、转化强、收益高的关键技术，企业将会成为投入主体。

第二节　制约因素及存在问题

信息技术的日新月异，农业现代化发展的历史使命，昭示着农业全程信息化的无限生命力和美好前景。但是，发展中国家的基本国情，尤其是传统的生产方式、历史的发展惯性，以及现实的城乡二元结构、落后的经营管理方式，严重制约了我国农业全程信息化的建设和发展。

一、生产方式传统，历史惯性持续

我国幅员辽阔，生态气候差异巨大，自然环境复杂多变，客观上决定了我国农业生产方式的多样性。南北维度较广，横跨寒温带、中温带、暖温带、亚热带、热带等温度带，温度差异大；东西地形多样，由沿海到内陆，有平原区、丘陵区、盆地区、山地区、高原区，各种不同地形农业环境差异大。东北地区有肥沃的黑土地，且人烟稀少，是我国著名的粮仓；长城内外分布着众多农耕区与游牧区，长城以北以畜牧为主，长城以南以种植为主；在淮河流域，则分布着旱作农业和水田农业两种类型；在东南地区，又以水田农业为主；在西北内陆，还有高原种植和高原养殖等多种方式。

传统、分散的小农经济一直主导着我国农业的生产方式，而且这种历史发展惯性仍将持续。中国是世界农业的发祥地之一，农业最早可以追溯到原始社会的母系氏族公社，已有八九千年的悠久历史。以家庭为单位、以生产资料个体所有制为基础的小农经济一直是我国农业的主要特点，精耕细作是我国传统农业的主要生产方式。新中国成立以来，我国农业经历了生产合作社和家庭联产承包制等变革，农业发生了巨大的变化。但是，我国农业生产依然是小农生产为主，农业历史惯性依然

极大地影响着当今的生产方式。

在小农生产普遍存在的背景下，农业信息化的发展受到了极大的制约。首先，农业信息技术应用成本增加。在人均不到 2 亩的耕地上应用信息设备，极大地增加了农业生产成本，造成现代信息技术的高水平应用只存在于设施农业和水产养殖等高附加值的产业。其次，农业信息技术推广难度加大。现代信息技术是和农业规模化大生产紧密相连的，与传统的小农经济格格不入，我国农业信息技术应用水平较低，农民不习惯使用现代信息技术手段，农业信息技术推广难度加大。最后，历史惯性仍将制约信息化建设。当前，我国农村土地承包经营权流转加快，土地的适度规模经营也将在所难免，随着土地规模经营比例的上升，对全程信息化的需求将更加迫切，但传统的小农经济仍将起到制约作用。

二、经营管理落后，服务手段缺乏

与传统的小生产相适应的农业经营、管理、服务方式，必然难以适应目前市场经济条件的大流通、大市场要求，形成了小生产与大市场之间的矛盾。这种矛盾严重制约着农业全程信息化的快速发展，但同时也是创造了新的发展动力和机遇。

在农业经营信息化方面，存在的问题主要表现在：

一是电子商务意识淡薄。目前，我国电子商务发展迅速，日益影响到公众的消费习惯、消费方式，对于城镇居民来说，电子商务已经成为生活中必不可少的一部分，但是，在广大农村居民中，电子商务普及率较低。由于受到文化程度、消费习惯、消费方式的制约，农村居民一般保持着传统的消费方式，倾向于实物消费，认为电子商务"看不见，摸不着"，无法保证产品质量，可信度值得商榷，从而限制了农产品电子商务的广泛推广。一些农产品企业，电子商务意识不足，缺乏对电子商务的正确认知，在生产销售方式上，墨守成规，依赖传统的市场交易，缺乏在信息化环境下的模式创新。

二是农产品标准亟待规范。电子商务在客观上要求商品是标准化、规范化、同质化和一致性的，但农产品是自然再生产的过程，受环境、天气、区位、光照等因素的影响，以及受种养水平、收获时间、储运过程、保鲜技术的制约，极易导致农产品规格大小、营养含量、颜色深浅的个体差异，很难保证产品的一致性。同时，我国农产品市场标准缺乏，质量安全监测手段落后，体系不健全，更是增加了电子商务的难度。缺乏规范化的农产品标准评价，消费者偏重于采用传统的交易方式，网络经营农产品因无法实际接触，消费者认可度较差，也阻碍了农产品电子商务发展。

三是农业经营平台需进一步发展。总体来说，除上海"菜管家""世纪之村"等具有较强影响力的综合性平台外，现有的大多数农产品经营平台功能单一、形式雷同、平台设计不规范、信息不全面。平台上真正有益于农产品经营者、农民的信息较少，多数平台信息以当地、企业的宣传为主，通常仅限于浏览，信息准确度无法保证。一些电子商务网站以信息撮合为主，信息匹配功能较差，有的甚至网上交易功能仅为摆设，并且存在网上交易不安全等突出问题，农产品洽谈订购环节需要在线下进行。农产品电子商务也缺乏配套的农村物流和仓储等基础设施，农业经营信息化受到极大阻碍。

在农业管理信息化方面，电子政务资源缺乏整合、共享程度较差。

一是电子政务资源相互独立，难以实现共享。各地各级因地制宜，依托当地条件，开发电子政务系统，由于缺乏统一的技术标准，系统融合性较差，各自相互独立，难以实现互联互通、资源共享和业务协调。

二是电子政务信息覆盖范围有待扩展。当前，各地各级电子政务系统涵盖内容主要集中于政策发布、在线审批、农业相关动态展示等方面，在农业科技推广、农业市场信息发布等方面设计较少，并且在线政务办公种类较少，包含的业务不全面，难以满足现代农业管理的根本要求。

三是行业监管尚需加强。为实行农产品目标价格改革，农业部现已开展了新疆棉花、东北和内蒙古的大豆市场价格监测，通过选取分品种价格监测点，定时报送农产品价格信息，加强对农产品价格监测预警以及完善农产品行业市场监管。该工作目前处于起步阶段，因此，监测的农产品品种较少，对行业帮助较少，需要进一步拓宽农产品监测范围，强化监测信息处理，为农产品行业管理提供信息支撑。

在农业服务信息化方面，存在的问题主要表现在：

一是资源整合不够，缺乏顶层设计。我国农业信息服务在历史发展过程中，缺乏全国层面的顶层设计，各部门之间相对独立，难以统筹协调推进信息服务，各涉农部门间常出现各自为政的局面，在一定程度上造成了人力、物力、财力的多重浪费，造成了资源的巨大闲置，给农业信息服务的资源整合造成了巨大的困难。

二是技术规范不一，缺乏统一标准。由于我国农业信息服务尚处在起步阶段，服务的技术、方法、路径，以及机制、模式都处在探索之中，没有形成配套的操作规程和技术标准，容易造成数据异构、兼容性差、融合困难等问题。

三是信息匹配不够，缺乏精准服务。目前，农业信息服务的信息供给与需求存在不匹配的现象，不仅体现在公益服务信息方面，而且体现在市场信息方面。在市场机制越来越发挥重要作用的背景下，促进农产品、农业生产资料供需信息的有效衔接，迫切需要实现智能服务、精准服务、智慧服务。

三、二元结构明显，数字鸿沟加剧

改革开放以来，我国经济社会发生了深刻变革，取得了举世瞩目的巨大成就，但是，城乡差距也呈现拉大的态势，二元结构特征也更加明显。农民依然是贫困的群体，农业依然是弱质的产业，大部分农村依然是落后的地区。中国的基本国情，不仅表现在城乡差距、二元结构上，而且体现在区域发展的不平衡上。

我国经济发展的不平衡，同样表现在农业信息化领域。东北地广人稀，适合大型农机具的使用，农业信息化应用水平较高；而在华北地区，人口密集，人均耕地少，农业信息化应用水平较低。在东南沿海地区，尤其是浙江、江苏、上海、福建、广东等省市，经济比较发达，农业信息化水平也比较高；而在西北内陆地区，经济欠发达，人均收入低，农业信息化水平也较低。

信息化发展的不平衡，不仅体现在地区之间，也体现在城乡之间。截至 2014 年 12 月底，我国网民中农村网民只占 27.5%，城镇地区互联网普及率超过农村地区 34 个百分点，城乡信息化水平发展差异有扩大趋势。在资源、技术、人才越来越集中于城市的背景下，城乡数字鸿沟逐渐拉大，给农业全程信息化发展带来了极大的挑战。

四、资金投入较少，基础设施薄弱

农业是国民经济的基础，但我国农业一直属于弱势产业。2013 年，国家财政农林水事务支出为 13 349.55 亿元，仅占国家财政总支出的 9.52%，财政资金投入较少，对农业的财政支持力度不够。投资不足，导致农业基础设施薄弱，后续发展乏力。

我国农业生产有着劳动力密集、产业化水平低、生产成本高的特点，在农业生产过程中，信息技术水平较低，受自然约束程度极大，虽然能部分感知自然条件，但应用信息技术改造自然的能力较弱。尤其在种植业、畜牧业、水产业等方面，长期存在着落后的管理方式，人工种植、饲养，浪费了大量的人力、物力。在计算机自动控制、网络计算机辅助决策技术的应用、计算机模拟和模型技术、遥感技术、精确农业技术、农机管理自动化等方面，均处于起步的阶段，信息技术的大规模应用还有一定的困难。因此，需要大力推进农业物联网应用工程，创新农业生产管理方式，提高农业管理的信息化水平。

我国农业信息化建设起步较晚，发展较快，但与发达国家之间还有很大的差距。我国信息管理与信息服务机构还不健全，没有形成完整的服务体系，对农业现代化建设的支撑与引领能力不强；农村基础设施建设还不健全，通过"感知中国"解决"最初一公里"的问题，但"最后一公里"问题仍然突出，信息技术在支持农业、建设农村、服务农民方面还没有满足发展的需要，没有形成完善的信息服务机制和服务模式，农民普遍信息化意识较弱、利用信息能力较差，因此，需要通过加大农业信息化基础设施建设，加强教育培训，提高农民信息素养，以促进农业信息化不断普及、不断完善。

五、技术应用欠缺，创新能力不足

进入 21 世纪以来，以信息技术为代表的高新技术取得了迅猛的发展，而且在航天、造船、机械、电子、互联网等方面进行了广泛的应用。和发达国家相比，我国的信息技术发展十分迅速，在部分领域甚至达到了国际先进水平。和信息技术飞速发展相对应的，是农业领域信息技术应用水平的落后。和其他产业相比，农业生产过程更加复杂，对技术的要求也更高，但是，由于农业投入较少，农业技术应用投资回报率较低，造成了整个农业行业的技术水平较低。在新技术研发与应用方面，资金支持力度不够。研发的农业设备，在应用时，又极大地受我国农业生产特点的影响，大多数应用设备仅停留在实验室中，难以推广。

资金投入的不足和技术应用的欠缺造成了我国农业技术创新能力不足。一是农业信息新技术创新能力差，在高精度传感设备、新材料研制等方面，没有大的突破；二是农业数据标准不一，采集的数据各成体系，难以进行数据融合；三是没有权威的农业数据中心，在数据公开等方面，体系混乱；四是对已有数据的分析处理能力较弱，对农产品市场价格的剧烈波动，难以实现有效的监测预警。

农业信息技术的低水平应用为全程的信息化发展带来了很多问题。一方面，信息技术对农业发展的促进作用较小，农民难以获得高额利润；另一方面，农业信息化的低利润又反过来抑制了农业信息技术的应用推广，没有形成良性循环。在一定程度上，导致了信息技术的应用陷阱。

第三节　政　策　建　议

目前，我国农业全程信息化建设已经进入一个关键时期，既面临着难得的发展机遇，也面临着严峻的风险挑战，机遇与挑战并存，发展和困难同在。我们要审时度势，认真梳理困难和挑战，创新把握机遇和条件，通过实施农业基准数据工程、信息监测预警工程、物联网农业应用工程、信息进村入户工程等一系列政策措施，全面推动我国农业全程信息化建设水平，为农业信息化引领农业现代化发展而积极地创造条件、夯实基础。

一、实施农业基准数据工程，建设国家农业大数据中心

"谁拥有了数据，谁就拥有了未来"。未来农业的发展必然是"数据农业"，依靠数据获取来感知农业，依靠数据处理来分析农业，依靠数据应用来管理农业。当前，"四化同步"的进程不断加快，农业大数据呼之欲出，"数据农业"时代已经来临，建设国家农业大数据中心势在必行。

以构建国家农业大数据中心为目标，必须尽快启动我国现代农业基准数据工程。基准数据是农业大数据的基础和前提，也是农业大数据的核心和关键。现代农业基准数据是指现代农业管理决策所需农业自然资源、生产、市场、管理的数据集合，是农业现代化建设的作战地图和指挥平台，具有基础性、标准性和系统性的本质属性。基础性是指现代农业基准是现代农业发展中必不可少、不可或缺的，是摸家底、明需求、定未来的根本依据，具有基础性的地位和作用；标准性是指现代农业基准数据是按照一定方式、一定规范采集和处理的，是实现数据融合、资源共享和业务协同的关键要素，是形成农业大数据的根本要求；系统性是现代农业基准数据具有一定的时间连续性，能够形成完整的时间序列，而不是碎片化和分散化，具有很强的实用性。

现代农业基准数据工程建设是一个系统性、创新性、复杂性的工程，要按照"全系统、全要素、全过程"的"三全"理念，全面构筑农业大数据的理论方法、技术体系和工作体系。要以现代信息技术为依托，以现代农业需求为导向，以农业

生产、经营、管理和服务创新为动力。

一是整理归纳历史数据。对相关历史统计资料，根据现实需要和发展要求，进行归纳、整理和分析，分门别类地处理加工，实现历史数据的电子化，形成历史数据库。

二是构建新型农业数据获取体系。根据农业实时、动态发展变化的不同态势，研建实时监测与分析系统，全面优化数据时间、空间、品种粒度，建设我国农业自然资源、生产、市场、管理的基准数据库群。

三是做好数据应用与服务工作。从农业、农村和农民的信息需求出发，有针对性地做好信息服务工作，充分研判信息发布与服务的具体内容、基本路径和方式方法，着力提升信息服务的标准化、智能化和智慧化。

四是加强基准数据科研攻关力度。重点强化现代农业基准数据工程的标准体系研建、关键设备研发、基础设施建设、数据库建设、应用系统研发等方面技术创新和应用。现代农业基准数据工程的实施，将产生良好的经济效益、社会效益和生态效益，对于加快我国农业信息化、农业现代化发展必将产生深远的影响。

二、实施信息监测预警工程，增强农业运行调控能力

农业是自然再生产和经济再生产的有机统一，因此，农产品市场具有天然的波动性和不确定性，当今世界很多国家和国际组织都把农业信息监测预警体系构建作为现代农业管理方式的重要组成部分，开展农业信息监测预警已经成为国际通行做法。中国农业信息监测预警制度建设在实践中不断完善，农业信息分析预警团队在考验中不断成长，农业信息分析方法在应用中不断改进。在新的形势下，加快建设中国特色农业信息监测预警制度意义重大，以市场为导向"转方式、调结构"、以农民为主体推进现代农业建设、制定和实施好农业发展战略、提升农产品国际竞争力迫切需要农业信息监测预警提供支撑。中国农业展望制度建设要借鉴国际先进经验，也要符合中国国情农情，具有中国特色。要通过5～10年的努力，建立以主要农产品市场运行核心数据监测、分析预警、信息发布和生产经营者信息服务为核心的农业信息监测预警制度，加快形成现代化服务型农业管理新机制，不断提高农业农村经济治理水平。

加强农业信息监测预警，是保障我国现代农业稳定发展的有效手段，是建立现代农业市场体系的重要支撑。建设具有中国特色的农业监测预警体系，是适应建立

中国农业市场化、信息化的迫切要求，任重道远、前景光明。目前，亟须实施农业信息监测预警工程。重点任务和工作主要体现在以下几个方面：

一是全面优化信息获取手段。研制适合于广大农村地域条件的信息采集设备，提升数据的报送速度与获取精度能力，解决信息不对称、信息滞后等问题，实现农业信息的实时采集与传输。

二是科学建立农产品市场监测点。在全国 2000 个主要农产品批发市场、粮食生产基地设立监测点并配备信息采集设备，长期定点监测农产品生产、流通、销售等情况，实现农产品全流程及时监测与掌控，促进现代农业技术体系中产后流通环节的产业链分析。

三是构建农业监测预警平台。研建农产品市场数据分析处理方法和技术，形成系列化的全产业链数据采集、信息分析、预测预警与信息发布，并实现全天候即时性农产品信息监测、信息分析与信息发布，以及可用于不同区域不同产品的多类型分析预警。信息监测预警工程的实施，将实现农业生产、流通、销售全程监控，并能提前发布市场信号，有效引导市场，主动应对国际变化。

三、推进农业物联网区试工程，创新农业生产管理方式

国务院《关于推进物联网有序健康发展的指导意见》（国发〔2013〕7 号）明确指出：物联网是新一代信息技术的高度集成和综合运用，具有渗透性强、带动作用大、综合效益好的特点，推进物联网的应用和发展，对于提高国民经济和社会生活信息化水平，提升社会管理和公共服务水平，带动相关学科发展和技术创新能力增强，推动产业结构调整和发展方式转变具有重要意义。同时，强调指出：农业是物联网"推动应用示范，促进经济发展"的重要领域，要"推动物联网技术的集成应用，抓好一批效果突出、带动性强、关联度高的典型应用示范工程"。目前，加快推进物联网农业应用工程，创新农业生产管理方式对于加快转变农业发展方式，适应现代化农业生产，具有积极的推动作用。

2013 年 5 月，农业部为加快推进农业物联网应用发展，正式启动了农业物联网区域试验工程。选择有一定工作基础的天津、上海、安徽三省市率先开展试点试验工作，具体为：天津设施农业与水产养殖物联网试验区、上海农产品质量安全监管试验区、安徽大田生产物联网试验区。目前，区试工程已经取得了阶段性的重要成果，今后的重点任务：一是扩大区试范围，增加试点省份；二是提高区试质量，凝

练试点成果；三是突出抓好区试的"全面"和"深入"推进。推进物联网农业应用工程，将使得农业生产管理方式从单一的提高劳动生产率，变为更加合理有效地利用资源，注重质量安全和生态的可持续发展，这种生产管理方式的创新也必将带来农业生产由政府主导到市场主导的转变，带来社会观念的变化。

"全面"推进农业物联网区域试验工程。要在已有的设施农业、水产养殖、农产品质量安全监管、大田生产物联网试验区基础上，加快实施"物联牧场"工程。通过启动畜牧业物联网区域试验工程，实现畜禽养殖的身份智能识别、体征智能监测、环境智能监控、饲喂护理智能决策，实现畜产品从牧场到餐桌的物流一体化、供应链可视化、信息采集自动化、企业管理智能化、物流组织规模化，并与电子商务结合，全面推进生鲜农产品限时递送，农产品质量追溯，配货运输智能管理等业务服务。

"深入"推进农业物联网区域试验工程。要向物联网区域试验的"深度"进军，构建完善的农业物联网产业标准体系、技术创新体系、应用推广体系。在具体措施上，需要推动国家农业物联网技术应用标准化平台建设，为农业物联网技术应用、集成创新、仿真测试、主体服务提供良好的硬件设施和软件环境，促进物联网产业化发展；需要大力开展农业物联网苗情、墒情、病虫情、灾情"四情"监测，建立农情长期监测站点，配备信息采集设备，形成全国性的监测网络，为实时掌握农业生产状况和农业资源情况提供数据支持；需要研发精准化、多功能、低成本、智能型的农用机械，引用先进的通信技术，加大应用推广力度，真正实现物物相联的物联网大生产。

四、推进信息进村入户工程，创新农村信息服务模式

2014 年 4 月，农业部在系统总结 12316 农业信息服务做法、经验、模式的基础上，选择江苏、浙江、福建、河南、北京、吉林、黑龙江、辽宁、湖南、甘肃 10 省（市）22 个县（市、区）开展了信息进村入户试点工作。一年多来，始终"坚持分类指导、推进村级站建设，坚持实用管用、建立信息员队伍，坚持需求导向、聚合各类服务资源，坚持创新创业、探索可持续发展机制"的基本做法，取得了阶段性成果，探索出建站点推服务、用平台聚资源、引资本保运转的路子，形成了政府、农户、企业多赢的局面，较好地解决了农村社会化服务资源分散、渠道不畅等问题，在培育新型职业农民、推动现代农业发展、激活农村消费市场、促进城乡发

展一体化等方面显现出强大的驱动力,信息进村入户深受农民欢迎,呈现出巨大的发展空间。

信息进村入户工作,不是一朝一夕的事情,任务非常艰巨。无论是从国家战略高度考虑,还是从"三农"实践具体需求考虑,迫切需要加速推进。建议进一步加强试点工作,总结经验教训,进而全面铺开。

一是继续深入探索,适度扩大试点范围。2015年继续支持首批10省(市)试点的基础上,再增加3~5个省市开展试点工作,扩大覆盖面、深化资源整合、完善保障措施、强化平台建设。2016~2017年在全国全面铺开。

二是实行适度补贴,引导并稳定信息员。村级信息员承担着公益服务、便民服务、电子商务和培训体验4项具体任务,是信息进村入户工作的必要条件。按照政府购买服务的理念,对于信息员的公益服务需要政府给予补贴;鼓励支持信息员开展便民服务、电子商务,增加信息员收入水平,调动信息员参与信息进村入户的积极性。通过中央财政适度补贴,引导并带动建立"中央、省、地、县、乡镇"5级政府补贴村级信息员的机制,形成稳定的村级信息员队伍体系。

三是加大硬件投入,加强村级信息站条件建设。村级信息站是信息进村入户工作必不可少的载体和手段。同时,村级信息站为有效对接项目、融合资源搭建了平台,有助于实现农民实际问题的"一站式"解决。在试点之中,发现许多信息站缺乏必要的信息基础设施设备。

五、启动"互联网+农业"工程,提升农业信息化发展水平

2015年3月李克强总理在政府工作报告中首次提出"互联网+"行动计划,推动移动互联网、云计算、大数据、物联网等与现代制造业结合,促进电子商务、工业互联网和互联网金融健康发展,引导互联网企业拓展国际市场。"互联网+"具有六大特征,即跨界融合、创新驱动、重塑结构、尊重人性、开放生态、连接一切。

"互联网+"行动计划的开启,为农业信息化、农业现代化创造了新的发展机遇、赋予了新的历史使命,农业信息化建设应以此为契机,迅速启动"互联网+农业"工程,做好做足发展的大文章。在启动实施"互联网+农业"工程中,围绕农业农村信息化推进工作,要突出抓好一些重点任务:"互联网+监测预警""互联网+农业展望""互联网+物联牧场""互联网+信息服务""互联网+农业大数据""互联网+农产品

质量安全""互联网+技术推广""互联网+农业可视化""互联网+专家系统""互联网+农业云"等。农业信息化是一项复杂的系统工程，涉及政府、企业、协会、家庭农场、农民各主体，贯穿理论研究、技术创新、设备研发、推广应用各环节，涵盖"三农"各领域，触及农业生产力、生产关系各要素，亟须"互联网+农业"的理念来统领，做好我国农业信息化的顶层设计和实施方案，全面提升农业信息化建设的速度、质量和效益。

本章参考文献

［1］梅方权. 我国农村信息化的发展战略和发展模式的选择. 中国农村科技，2007，12：36-38.

［2］闫树. 论我国农业信息化建设存在的问题与对策. 华中农业大学学报（社会科学版），2011，93（3）：63-66.

［3］许世卫. 农业信息科技进展与前沿. 北京：中国农业出版社，2007.

［4］陈威，郭书普. 中国农业信息化技术发展现状及存在的问题. 农业工程学报，2013，29（22）：196-205.

［5］梅方权. 农业信息技术的发展与对策分析. 中国农业科技导报，2003，（1）：13-17.